JN302292

日本はなぜ短期間でアジア最強になったのか？

大日本帝国の国家戦略

武田知弘

National Policy of Great Japan
text by Tomohiro Takeda

彩図社

まえがき

本書は、大日本帝国の国家建設過程、特に軍を中心とした国家戦略を追究したものである。

日本軍というと、ダメな組織の見本のように扱われることが多い。ビジネス書などでも、「日本軍の失敗に学ぶ組織論」のような本が多数出版されている。しかし筆者はそれに非常に違和感を持つ。

たしかに、日本軍は太平洋戦争でアメリカに惨敗した。国民を悲惨のどん底に突き落としたあの敗戦は、言い逃れができないものである。

かといって、日本軍という組織が丸々全部ダメだったというわけではないはずだ。

日本軍というのは、当時、費用効率が世界一高い軍隊だったといえる。経済力では欧米に歯が立たないなか、彼らの数分の一の予算で、彼らに匹敵するような軍事力を持てたのである。

第一次世界大戦の末期の大正６（１９１７）年には、日本は保有する戦艦数でイギリス、アメリカに次ぐ世界第三位にまでなっている。１９１７年といえば、明治維新からわずか50年後のことである。

もちろん、その間、日本は軍事力の増強だけに力を注いでいたわけではない。

社会制度の改革やインフラの整備、産業の促進など、近代国家に生まれ変わるために取り組まねばならない課題は多かった。日本はそれら課題をひとつずつクリアしながら、世界的な強国になったのである。〝ビジネス〟という視点から見ても、見習うべき点は多々あるはずだ。

そもそも大日本帝国というのは、「欧米列強の侵攻から国を守る」ということから始まったものである。

幕末の日本は、他のアジア諸国と同様に、文明的には欧米にかなり後れをとっていた。これといった資源があるわけではなく、豊饒《ほうじょう》の土地を有していたわけでもない。

しかし日本は決して恵まれてはいない条件の中、非常に短い期間で、欧米列強を跳ね返すほどの軍隊をつくりあげた。その手際の良さは、世界中を見てもあまり例がない。

アジア諸国が軒並み植民地化されていく中で、なぜ日本だけがそれをできたのか？

知識も金もなかった国が、どうやって強い軍隊をつくりあげたのか？


我々日本人は、「敗戦時に生まれ変わった」というような歴史観を持っている。

「戦前の日本と戦後の日本は別の国である」

そういう考えを持ち、戦前の日本から目を背けてきた。

そして「日本軍は独善的で科学軽視の恥ずべき存在である」と、日本軍を全否定することで、敗戦の責任を逃れようとしてきた。

しかし、それでは我々は、過去から何も学べないのではないか。

日本軍は、欧米の侵攻を食い止める目的でつくられた軍隊であり、実際にその役目を果たしてきた面は多分にある。その一方で、日本軍は無謀な戦争を起こし、国土を焼け野原にされ、国民に塗炭の苦しみを味あわせた。

その両面を冷静に見つめる。それが「歴史から学ぶ」ということなのではないか、と筆者は考えている。

「日本軍の功罪両面」を我々日本人は、追及していかなければならないはずである。本書は、そのわずかな取っ掛かりにでもなればと制作されたものである。

第二章 明治日本の領土攻防戦

第六章 なぜプロジェクトは失敗したか？——213

第一章

巨大プロジェクト「大日本帝国」

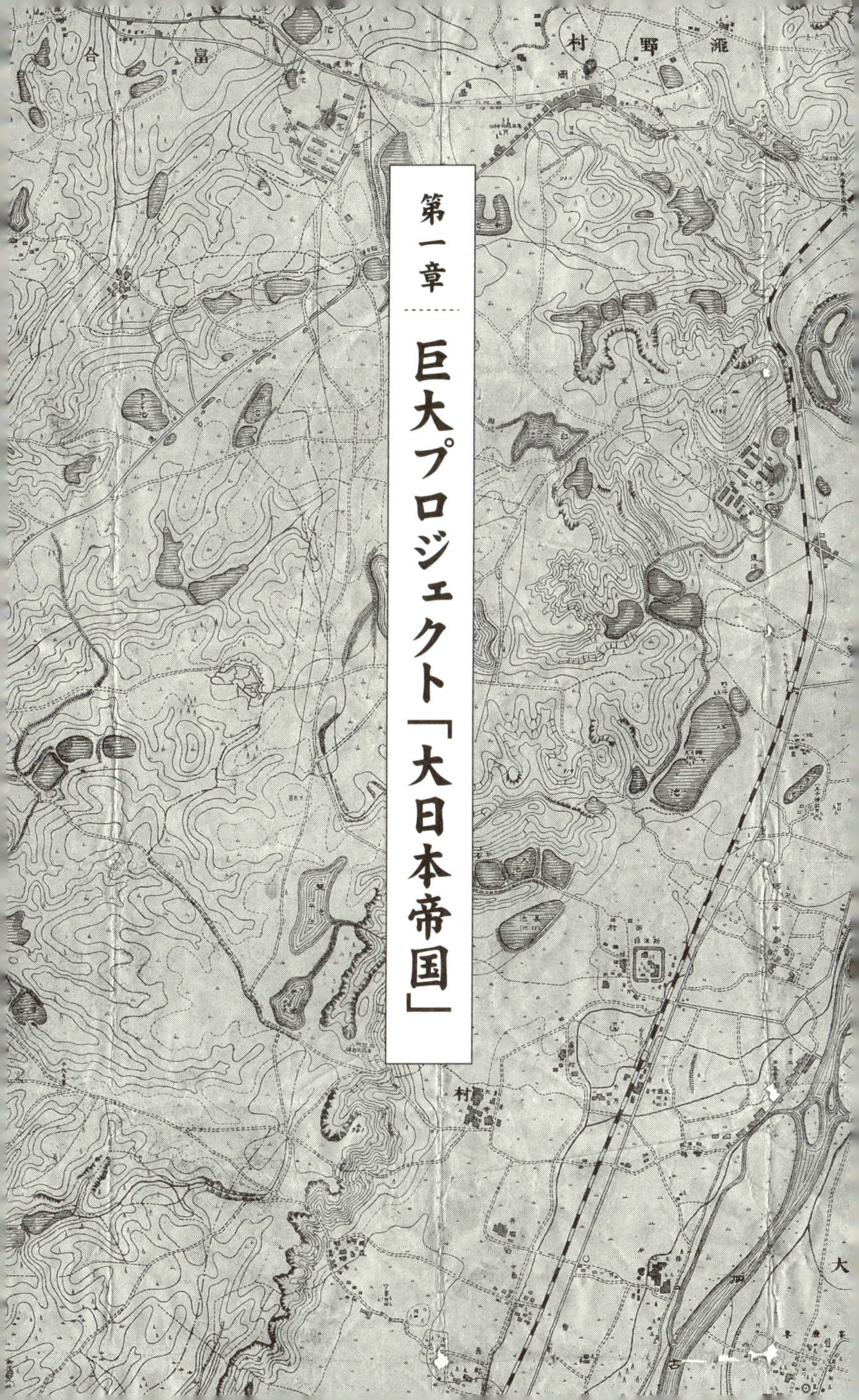

1 大日本帝国は国家プロジェクトだった

【欧米の侵攻を食い止める、壮大な国家戦略】

●迫り来る列強の魔手

戦前の日本、つまり「大日本帝国」は明確な命題を持って誕生した国であった。

いや、国家そのものがひとつの壮大なプロジェクトだったといってもいい。

では、そのプロジェクトの目的とは一体なんだったのか？

それは「欧米の侵略から国土を守ること」である。

大日本帝国が誕生した明治元（1868）年は、ヨーロッパの帝国主義が絶頂期※にあった頃だった。ヨーロッパの列強は各地で激しい植民地獲得競争を繰り広げていた。その標的となったのがアジアやアフリカだった。列強は隙をついてアジアやアフリカ諸国に侵攻、次々と植民地を獲得し、領土を拡張していった。

その最たるものが、1840年のアヘン戦争だった。

アヘン戦争というのは、清※への貿易赤字に苦しんでいたイギリスが、その赤字解消のために

※ヨーロッパの帝国主義が絶頂期
帝国主義の主人公であるイギリスがもっとも発展したのは、ヴィクトリア女王の時代（1837年〜1901年）だが、この期間は日本では幕末から日露戦争直前までにあたる。

アヘンを密輸、それを清が禁止すると武力で攻め込んだという横暴を極めた戦争だった。清はこの戦いに惨敗。アヘンの密輸を黙認させられ、領土を割譲させられるなど、苦汁をなめさせられることになった。[※]

この清の敗北は、日本を大いに震撼させた。当時の清はアジアの盟主ともいえる存在だった。

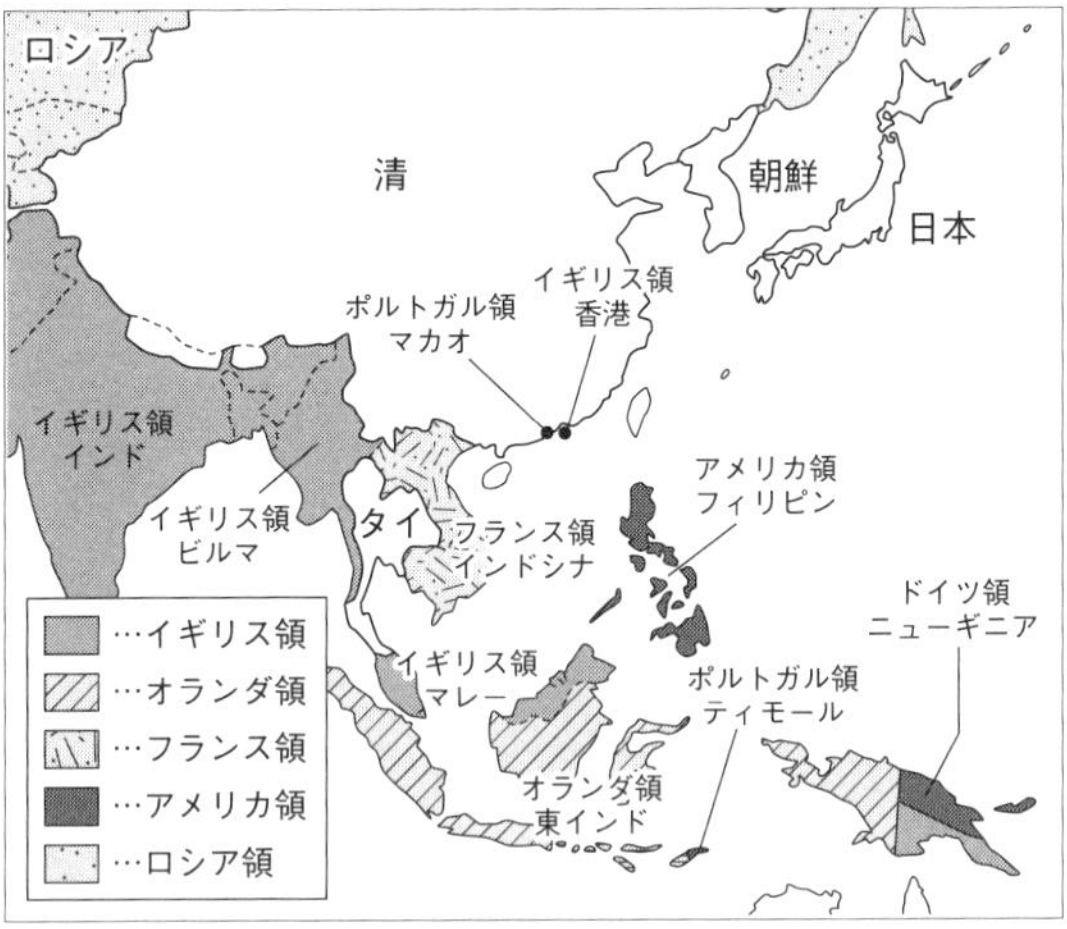

20世紀初頭のアジアの植民地

その清がイギリスの前に為す術なく敗れさったのだ。その衝撃は計り知れないものがあった。

そしてアヘン戦争から13年後の嘉永6（1853）年、ペリー提督率いる4隻の軍艦、いわゆる〝黒船〟が横浜の浦賀沖に来航した。ペリーは「武力による威嚇」を行い、日本との交易を求めてきた。幕府はその威嚇に屈し、翌年、やむなくアメリカと和親条約を結んだ。

その4年後の安政5（1858）年、幕府はアメリカと「日米修好通商条約」を結んだ。関税自主権が認められず、治外法権を認めさせられるという不平等な内容だった。ここにきて、アヘン戦争は対岸の火事では済まされ

※清への貿易赤字
貿易赤字の原因となったのはお茶。当時、イギリスでは紅茶を飲む習慣が広まっており、中国から莫大な茶を輸入していた。

※アヘン戦争での清の代償
清はイギリスに香港を割譲、広東、上海など5港を開港した。また、清政府は事実上、アヘンの密輸を容認しなければならなくなり、アヘン中毒者が激増した。

なくなったのである。

そんな中、日本では革命が起きる。「これ以上、幕府にまかせていれば日本が危ない」と立ち上がった諸藩や志士たちが幕府を倒し、明治維新を成し遂げたのだ。

「欧米の侵略から国土を守る」ということは、当時の日本にとって単なる被害妄想ではなかった。国の命運を左右する、差し迫った問題だった。この問題を解決するために立てられたのが、欧米の侵略から領土を守る〝大日本帝国〟というプロジェクトだったのである。

大日本帝国の歴史には、批判もある。未曾有の世界大戦の当事国となり、アジアの国々を混乱に巻き込んだ。戦争で多数の国民を失い、国土を焼け野原にもした。

しかし、プロジェクトとして見た場合、大日本帝国は最低限の成果を挙げたといえる。なぜならば、日本は結果的に欧米から国土を侵されることがなかったからである。※

なぜアジアの中で日本だけが領土を守りぬくことができたのか。

●富国強兵という指針

慶應3年10月14日（1867年11月9日）、江戸幕府の15代将軍徳川慶喜が政権を天皇に返上、約270年間続いた江戸時代は終焉を迎え、王政復古の号令を経て、日本は大日本帝国として新たな門出を迎えた。

しかし、問題は山積みだった。

「欧米の侵攻から国土を守る」ためには、列強に対抗できるだけの強力な軍事国家にならなけ

※国土を侵されることがなかった
第二次大戦での敗戦により、日本は韓国、台湾、南方諸島などの領土を失ったが、そのほとんどは明治維新後に獲得したものである。明治維新と、第二次大戦後の日本の領土を比べると、ほとんど変わっていないのである。

大日本帝国の命題
【欧米の侵略を防ぐ＝強力な軍事国家をつくる】

↓

目標達成のための指針
「富国強兵」

具体的な手法
「中央政府に権力を集中させ、国家として団結する」
「近代的な軍隊の創設」
「有望な人材の登用」
「教育の充実」
「経済の発展」
「科学技術の発展」

ればならない。だが、軍備を整えるには巨額の資金が必要になる。当時の日本には経済力がなく、人材は不足し、資源も科学技術もなかった。

だが、そうかといって国が成長するのを呑気に待ってもいられない。欧米列強は依然として領土的野心を燃やし、アジアの地を虎視眈々と狙っている。うかうかしていると、日本も飲み込まれることは必至だった。

そこで明治の指導者たちは、プロジェクトを推進する上である指針を立てる。

それが「富国強兵」※である。

富国強兵とは、読んで字のごとく「国を富ませて、強い兵（軍隊）を持つ」ということである。経済力や技術力がつけば、自然と強い軍隊を持てるようになる。強い軍隊があれば、経済力もまた高まる。経済力が高まれば、さらに強い軍を持つことができる……。国力の増大が軍事強国への近道だと考えたのだ。

※富国強兵
明治日本の専売特許のように思われている「富国強兵」だが、日本での用例は意外と古く、江戸時代中期の儒学者、太宰春台（だざい・しゅんだい）はその著書『経済録』の中で、富国強兵という言葉を使い、国を富ませて強い兵を持つことの重要性を説いていた。

明治新政府は、富国強兵を実現するために「中央政府への権力の集中」「近代的な軍の創設」「有能な人材の登用」「教育の充実」「経済の発展」「科学技術の発展」などの手法をとった。

これらの手法は、ある種、力が弱い国、貧しい国が発展する上でのセオリーのようなものである。実際、当時の他のアジアの国々も同様の手法で国を発展させようとしていたはずだ。

しかし、その実現は簡単ではない。事実、アジアの地域で富国強兵を実現できたのは、日本だけだった。他のアジア諸国はいずれも失敗に終わっているのだ。

日本と他のアジアの地域との差はいったいどこにあったのか。

それはひとえに認識の差ではなかったかと思われる。

日本は列強に比べ、自国が劣っていることを早くから自覚していた。それに加えて時間の猶予がないことも知っていた。限られた国土、限られた資源や人材、限られた資金でいかに効率よく、素早く強力な軍事国家を築き上げるか、その一点に国を挙げて注力していたことに成功の要因があったと考えられる。

では、いかにして大日本帝国は富国強兵を実現することができたのか。

明治の新政府の取り組みから見てみよう。

2
明治維新最大の改革「廃藩置県」
【中央集権体制の確立させた驚異の制度改革】

●明治政府の最優先課題

「富国強兵」というプロジェクトにおいて、明治新政府が、まず真っ先にやらなければならなかったのが、強力な中央集権体制※の確立であった。

日本という統一国家の中で暮らしている現在の我々から見れば、中央政府が国家の政治を執り行うというのは、当然のことのように思える。しかし、それは明治時代以降になって実現したことだった。

江戸時代の日本は「封建制度」※の世であり、大名が自分の領地を治め、幕府はその中の長に過ぎなかった。この体制は王政復古の号令の後も変わらなかった。藩主は依然として領地、領民を支配し、徴税権や立法権などの統治権に加え、独自の軍隊まで持っていた。

この体制は新政府にとって国家を運営するうえで不都合だらけだった。

前述したように藩は独自の権限を持っていたため、新政府の統制が完全に及ばなかった。そ

※中央集権体制
中央政府に政治・行政の権限、国の財源のすべてが集中している体制。ちなみに現在の日本は、権限の一部を地方自治体に移管する「地方分権」と呼ばれる体制をとっている。

※封建制度
主君が家臣に領地を与え、その庇護を約束する代わりに家臣は主君に忠誠を誓う、という政治体制。

のため、何か政策を決定しようにもいちいち各藩の意見を調整せねばならず、時間がかかってしまう。調整が不調に終われば、政府に反旗をひるがえすところもでてくるかもしれない。

また、全国には３００を超える藩があり、その大きさ※もまちまちで入り組んでいたため、国家として統一した税制をしくことが非常に困難だった。さらに各藩が軍隊を持っているので、統一した国軍を持つことも難しい。明治新政府にとって、藩を解体し、中央政府へ権限と財源を一元化する中央集権体制への移行は何をおいても実現しなければならない課題だったのだ。

しかし、藩というのは江戸時代２７０年もの間続いてきた制度である。藩が解体されれば、藩主や武士がそれまで持っていた特権を失うことになる。強引にやれば、大きな反発を招くおそれがあった。

そこで新政府は、万全を期して慎重にこの大事業にとりかかった。

新政府の指導者は、まず自分たちの出身母体であった薩摩藩、長州藩、土佐藩、肥前藩の４藩から消滅させることから始めた。薩長土肥《さっちょうどひ》の４藩は諸藩の中でも特に有力で、維新の先頭に立ってきた倒幕の功労者でもあった。この４藩が解体されれば、他の諸藩も異議を唱えにくくなるということである。

薩摩藩の大久保利通※や長州藩の木戸孝允らは、戊辰戦争をともに戦った土佐藩や肥前藩に働きかけ、薩長土肥の４藩主連名で、明治２（１８６９）年、版籍奉還※の上表を朝廷に提出させた。版籍奉還というのは、藩が持っていた領地や領民を国家（朝廷）に返還するというものである。

※大きさもまちまち
明治初期の藩は、租税徴収のために細かくわけられていた。そのため、なかには1万石に満たない小さな藩もあった。

※大久保利通
（1830〜1879）
薩摩藩の下級武士の家に生まれる。学問優秀で藩の官僚に取り立てられ、幕末には藩の中枢の人物となる・西郷隆盛とともに、尊王攘夷、討幕運動を指導し、明

■ 廃藩置県～47都道府県への道のり～

・明治2（1869）年6月　「版籍奉還」
→政府直轄地が府、県に。府、県、藩が混在する府藩県三治制。

・明治4（1871）年7月　「廃藩置県」
→藩が廃止され、1使（北海道開拓使）3府（東京、京都、大阪）、302県となる。

・明治4（1871）年11月　「3府34県に統合」
→県が多すぎたため、統合。その後、府県の分割を求めて運動が起こる。

・明治23（1890）年　「1庁3府43県」
→府県の分割を求める運動を受け、43県になる（「庁」は「北海道庁」）。

・昭和18（1943）年　「樺太が内地に編入」
→1都（東京都）、2庁（北海道庁、樺太庁）2府（京都府、大阪府）43県になる。

・昭和22（1947）年　「北海道庁」が廃止され、「北海道」に変更

・昭和24（1949）年　「樺太庁」が消滅
→ソ連占領を受けて、樺太庁が消滅。現在の1都1道2府43県になる。

維新をリードしてきた4藩が領地、領民を還すというのだから、他の藩も続かないわけにはいかない。以来、次々と全国の諸藩が版籍奉還を行い、国土と国民は朝廷のもとに一元化されることになったのである。

●廃藩置県という革命

版籍奉還を成し遂げた新政府は、いよいよ中央集権体制への最終段階に入る。

それが明治維新期の最大の改革とされる「廃藩置県」である。

「廃藩置県」とは「藩をなくして、その代わりに県を作った」ものだが、当然のことながら単に名称を変更しただけではない。版籍奉還の後も藩主は「知藩事」※となり、引き続き藩を支配していた。その権限を廃し、藩を単なる地方行政機関に置き換えるという大改革だったのだ。

治維新の三勲のひとりとされる。征韓論では反対に回り西郷とたもとをわかち、西南戦争では新政府の事実上の責任者として薩摩を討つ。

大久保利通

※版籍奉還
版籍は、もともとは朝廷が武家に与えたことになっていたので、もらったものを返還するという建前が取られた。

※知藩事
現在の知事に相当する職種。廃藩置県とともに、知藩事は失職。旧藩主は華族になった。その後、知藩事は知事という名称に改められ、中央政府が派遣する役人が就任することになった。

当然、これには強い反発が予想された。

そこで新政府は薩摩藩、長州藩、土佐藩の3藩から兵を結集※。総勢約1万の兵を京都に送り、その武力を背景にして、明治4（1871）年7月14日、廃藩置県の勅令が発せられた。この新政府のやり方に大きく反発する藩はなく、廃藩置県はスムーズに進行した。そして、日本は強力な中央集権国家に生まれ変わったのだ。

中央集権国家というと、「独裁国家」のようなイメージがあり、現代ではネガティブに語られることが多い。

しかし19世紀の世界を見たとき、日本が中央集権国家に生まれ変わったのは、正解だったといえる。

もし封建制度のままだったら、おそらく他のアジア諸国と同じように、欧米から虫食い状態にされていただろう。当時のアジア諸国の大部分は中央集権システムを持っておらず、群雄割拠の状態だったため、各個が欧米諸国に蹂躙されていったのである。

中央集権体制への移行は、日本が近代国家への歩みを始めたことでもあった。

明治新政府は強力な中央集権のもと、次々と政策や制度改革を実行していくことができた。富国強兵実現の大きな礎となった「版籍奉還」と「廃藩置県」は、その後の国家の命運を左右するほど大きな英断だったといえるのである。

※兵を集結
このとき集められた兵を御親兵（天皇を警護する兵の意）と呼ぶ。御親兵はその後の軍制改革に伴い、天皇や皇居の警護を主たる任務とする近衛師団となった。

3

日本経済を劇的に変えた「地租改正」

【「廃藩置県」と並ぶ明治新政府の大ファインプレー】

●単なる税制改革ではなかった「地租改正」

廃藩置県により中央集権体制を実現した明治新政府は、同時期に経済面で大きな改革も実行している。

それが「地租改正」※である。

地租改正は「版籍奉還」「廃藩置県」に比べると、顧みられる機会が少ないように思われる。しかし、その実態は画期的なもので、後の日本社会にも非常に大きな影響を与えた改革だった。

地租改正とは、明治6（1873）年に新政府が行った税制改革のことを指す。

江戸時代、農民は年貢をその年の取れ高に応じて納めていた。しかし、幕府や藩によって貢租負担はまちまちで、収穫量により年貢が左右されるため、税収が不安定になっていた。そこでそれまでの税制を廃し、取れ高でなく土地に応じて税金を納めさせることにしたのだ。

この改革によって、政府は毎年、安定した税収を得ることができるようになった。しかし、

※地租改正（らそかいせい）　地租改正では、明治6（1873）年から明治14（1881）年まで、地租の基準額を決めるための土地の調査が行われた。この調査により、改正前の記録では日本全国の収穫量は3222万石だったものが、実は4684万石もあったことがわかった。江戸時代を通じた新田開発や技術開発で、収穫量が増加していたが農民の反発もあって検地がなかなか行われていなかったのだ。

改革の効果はそれだけにとどまらなかった。地租改正は農民のモチベーションを向上させ、生産力を増大させることになったのだ。

●農地を無償で払い下げた

なぜ地租改正で農民のモチベーションが上がったのか。それはこの改革が、農民の地位を向上させるものだったからだ。

江戸時代、農地は武士が所有しており、農民には農地の所有権が認められず、職業選択の自由もなかったため、土地に縛り付けられるようにして生きていた。しかし、「版籍奉還」「廃藩置県」によってその土地が武士から国に返還される。では、その土地はそのまま国家の所有物になったのか、というとそうではない。実質的には農民に無償で払い下げられたのである。

地租改正では、農民が耕作している農地に「壬申地券」というものが発行され、地租を土地の価格に応じて納めることになった。この制度が画期的だったのは、地券が現代でいうところの土地の所有権とほぼ同じ性格のもので、売買※までする ことができたという点である。

この地租改正のおかげで、働き者の農民は他の地券を手に入れて、農業を拡大することができた。農業に向いていないと思えば、地券を手放し、他の職業に就くこともできた。農民は江戸時代にはなかった土地の所有権と職業選択の自由が与えられたのだ。

地租改正には、ほかにも大きなポイントがある。

それは商業地にも地租をかけたということである。

※売買まですることができた　江戸時代も農地の売買は裏では行われていたが、表面的には禁止されていたので、堂々と行うことはできなかった。

江戸時代を通じて、商工業者には年貢が課されていなかった。一応、営業税[※]のようなものはあったが、農民の年貢に比べればはるかに負担が軽い。これは税制上の大きな欠陥だった。

しかし、明治の地租改正では商工業者も地券に応じて地租を納めることになった。農民から見れば相対的に税負担は軽くなる。これほどダイナミックな経済改革はないと言えるだろう。

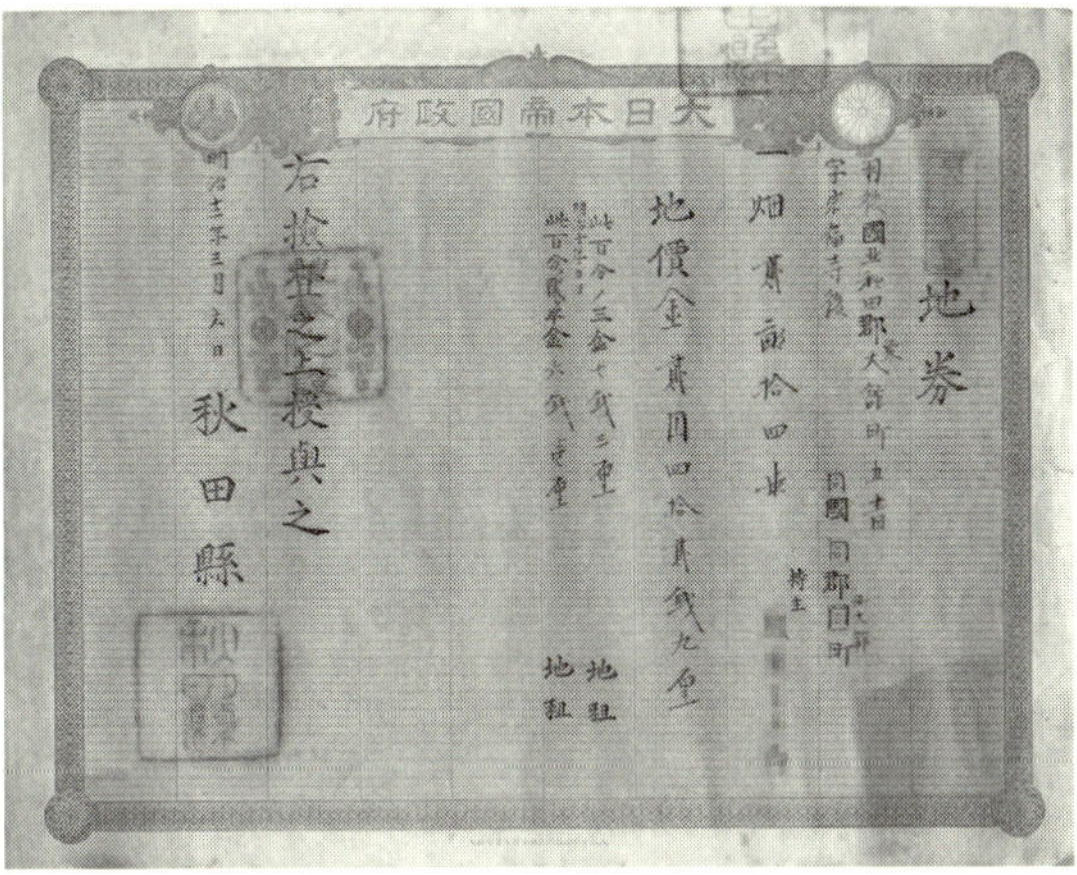

地租改正で配られた地券。「明治十二年三月六日　秋田縣」とある。

農民の地位を向上させ、税制面での不公平感を是正した地租改正によって、農民の勤労意欲が大幅に増加したことは想像に難くない。

事実、農業生産量は大日本帝国の約80年間で実質3倍に成長している。明治以降、急速に経済が発達したのは、この地租改正の影響が大きかったと言えるのだ。

●農民のやる気を引き出した「地租改正」

「地租改正」がなぜ農民のやる気を引き出したのか、もう少し掘り下げて見てみよう。

小中学校の歴史の授業では、よくこういった教わり方をすることがある。

「地租改正とは単に、納税の方法が変わっただ

※営業税のようなもの　冥加金（みょうがきん）などと呼ばれたもので、各業界に不規則に課されていた。負担率は年貢に比べるとはるかに少なかった。

■明治・大正時代の米収穫量の推移

年代	収穫量（石）	10aあたりの収穫量（石）
明治６年　（1873年）	24,021	－
明治10年（1877年）	26,599	－
明治15年（1882年）	30,401	1,173
明治20年（1887年）	40,025	1,515
明治25年（1892年）	41,430	1,501
明治30年（1897年）	33,039	1,185
明治35年（1902年）	39,932	1,297
明治40年（1907年）	49,052	1,688
明治45年（1912年）	50,222	1,672
大正６年　（1917年）	54,568	1,770

川崎甫『明治百年の農業史・年表』（近代農業社）より作成

けである。年貢と地租は同程度に設定されていたので、農民の実質的な負担は変わらなかった。また農民は税を現金で納税しなければならなくなったので、むしろ負担が増えることになった」

しかし、これは間違いである。

地租は土地代の3％を現金※で納めるという制度だった。この土地代の3％というのは、収穫米の平均代価の34％程度に設定されていた。これは江戸時代の年貢とほぼ同等の負担率だった。そのため「年貢と地租は負担率は変わらない」という解釈になっているのだ。

しかし、これは表面上の負担率だけを語っているに過ぎない。というのも、江戸時代では収穫高に応じて年貢を納めていたので、もし収穫があがると、その分、年貢も増えることになった。しかし、地租の場合は納める税金は一定である。そうなると頑張って収穫を増やせば、増えた分は自分の取り分になる。そのため勤労意欲が湧くことになり、生産量が増加したのだ。

また地租改正では、農民が自分で作る農作物を決められるようになった。

江戸時代、農民は原則として幕府や藩が決めた農作物を作らねばならなかった。しかし、地

※現金で納める
江戸時代の年貢は米などの農作物で納めていた。

租改正以降はその縛りがなくなったため、農民は儲かりそうな作物、実入りがよさそうな作物を自分で選択することができるようになったのだ。

こうしたいいこと尽くめの地租改正であったが、問題もあった。地租改正では地券に応じて税を支払う。それは何があっても例年通り、一定額を納めなければならないということでもある。そのため、凶作のような不測の事態が起きた時は、しばしばトラブルが発生した。

明治9（1876）年には、米価の低落で農民の収入が大きく減り、税負担が相対的に高くなった。そのため、三重、茨城、和歌山などで農民による一揆が起きた。

これを見た明治政府は地租を3％から2・5％に減額した。当時は、不平士族などがたびたび反乱を起こし、また自由民権運動も盛んになっていたため、政府としては農民にこれ以上、不満を持たれたくなかったのである。

地租の2・5％制はその後も続けられたため、農民は結果的に江戸時代よりも20％程度の減税になったのだ。

幕府や藩によってまちまちだった貢租負担を公平化し、税徴収の透明性を高めるという狙い[※]で行われた地租改正だったが、結果的にこの改革が生産性の拡大させ、人材の流動性を進め、後の産業の発展を呼ぶことになった。

この地租改正もまた明治新政府の大英断だったと言えるだろう。

※税徴収の透明性を高める江戸時代の年貢の場合、毎年の取れ高に応じて年貢率が決められるものであり、その年貢率を決めるのは地域の役人だった。その役人は大きな権限を持っているわけであり、当然、贈収賄などの不正行為が普通に行われていた。しかし地租であれば、毎年決まった金額の税金を納めるだけなので、悪徳役人の介在する余地はなくなったのだ。

4 【国家戦略実現のため、武士が自らの特権を捨て去った】特権階級の犠牲で成り立った明治維新

●明治維新で損をしたのは支配階級だった

前項では「農地解放」によるダイナミックな経済改革が行われたということを述べた。

経済改革というのはこれまでの制度をぶち壊すものだから、得をする者もいれば損をする者もいる。得をした者の代表は農民だが、では損をしたものは誰かというとそれは武士であった。

そもそも「地租改正」は、それまで武士が持っていた土地の所有権を農民に分配するものでもあった。その結果、武士は生活の基盤である土地を失うことになったのだ。

富国強兵というプロジェクトには、相当な金が必要である。新政府はこの金をどこから捻出したかというと、最大の財源は「武士の特権のはく奪」だった。武士の持っていた既得権益を取り上げることで富国強兵の財源に充てたのだ。

江戸時代の武士というのは、非常に大きな経済的特権を持っていた。

江戸時代の年貢は収穫の3割から4割だったが、この年貢はすべて武士階級に費消されてい

た。言うなれば国民所得の30～40%が、※人口の1割にも満たない武士階級によって独占されていたのである。

明治新政府はこの武士の特権にメスを入れていった。現代でいうならば、会社の役員をばっさり切り捨て、会社の再建費用を捻出するようなものである。

戊辰戦争で前線に立って戦った奇兵隊。しかし彼らも戊辰戦争が終わると解散を命じられ、不満を持った隊士が叛乱（※）を起こした。

しかも武士の特権を奪ったのは、武士自身だった。明治新政府の要人の大部分は、武士階級の出身だったため、いわば身内が身内の特権を排除したのだ。

武士の特権をはく奪する際、薩摩藩や長州藩の武士だけは優遇されたかのように言われることもある。

たしかに明治新政府は薩長出身者が多く、政府や軍の中に「薩長閥」があったことは事実である。しかし、それは政府中での権力闘争としてあったことであり、制度的に薩長が優遇されていたことはない。国の制度では薩長も諸藩の武士も同等の扱いだった。薩摩藩の武士も、長州藩の武士も、同じようにに特権をはく奪され、路頭に迷うことになったのだ。

そのため新政府の指導者たちは、武士階級から恨まれた。武士団の解体という軍制改革を実施しよう

※人口の1割にも満たない
幕末期の統計によると、日本の総人口3200万人のうち、武士は6～7%、農民が80～85%、工商を含む町人は5～6%とされている。

※奇兵隊の叛乱
明治3（1870）年の正月に、諸隊解散の撤回などを求め1800名が叛乱し、山口の藩庁を武力で包囲。それに対して長州藩は鎮圧部隊を投入し鎮圧した。死者60名、負傷者73名、斬罪84名、切腹9名、入牢25名、遠流、謹慎100名。その後、隊員のほとんどは胡散霧消した。

とした大村益次郎※は明治2（1869）年に暗殺されているし、版籍奉還や廃藩置県などを中心になって遂行した大久保利通も明治10（1878）年に暗殺されている。とくに大久保は出身母体の薩摩藩で強い恨みを買い、彼の銅像が鹿児島の地に建てられたのは、なんと没後100年の昭和54（1979）年になってのことだった。

明治新政府の要人たちは、出身母体を自ら切り捨てる覚悟でプロジェクトを推進した。明治維新が成功した大きな理由は、その合理性にあったのだ。

●〝賊軍〟からも多くの人材を登用した明治政府

明治維新のスローガンのひとつに「人材の登用」というものがあった。門閥にとらわれず、有能な人材は採用していくというものだ。

人材の登用は組織を合理化、活性化するときには不可欠な方法である。しかし、これを実行するのは簡単なことではない。門閥や敵味方を超えて人材を登用すれば、利害や思惑がぶつかり、様々な障害が生じる。とくに激しく争った宿敵である幕府側から人材を登用するというのは、感情の対立もあって困難なことだった。

しかし、明治政府は積極的に旧幕臣を採用した。

たとえば、戊辰戦争で函館にこもり、最後まで明治政府に抵抗した榎本武揚《たけあき》※は、3年足らずの刑期を終えるとそのまま政府高官に起用され、すぐに初代ロシア公使となった。当時、日本はロシアとの間で国境問題を抱えており、対ロシア外交はとくに慎重に進めなければならない

※大村益次郎
（1824～1869）
長州藩の医者の家に生まれ、大阪の緒方洪庵の適塾で学び、蘭学を修める。戊辰戦争では官軍の指揮官として第一級の武功を挙げ、新政府では兵部大輔となり軍編成を任されていた。

大村益次郎

※榎本武揚
（1836～1908）
旧幕臣。幼少期から秀才として将来を見込まれ、幕末に5年間オランダに留学。帰国後は幕府海軍を率いて戊辰戦争に参加。幕府の瓦解後は、幕府の残存艦隊とともに蝦夷地に向かい「蝦

ものだった。その重要なポジションに5年前まで新政府と戦っていた人物を就かせたのだ。

榎本は、明治8（1875）年、中露特命全権大使としてロシアとの間で「樺太・千島交換条約」の締結を行い、日本の外交史に名を刻んだ。内閣制度の発足後は文部大臣、外務大臣といった要職も歴任している。

新政府の初代海軍卿を務めた勝海舟（左）、大蔵省に出仕し、財政制度の基礎づくりなどに尽力した後、実業家として活躍した渋沢栄一（右）

新政府が登用した旧幕臣は榎本だけではない。

たとえば幕府軍の実質的な総司令官だった勝海舟※は、明治新政府の初代海軍卿※（海軍大臣に相当する職種）になっている。敵軍の大将を新政府海軍の総責任者にしたということである。そのほか、渋沢栄一、前島密《まえじまひそか》など、明治時代に活躍した旧幕臣は枚挙にいとまがない。

有名どころだけではない。実務を支える中級、下級官僚にも多くの旧幕臣がとりたてられている。旧武士階級の失業者が大勢いたにも関わらず、新政府は旧幕臣を積極的に採用したのだ。その数は明治初期で、官僚の3割にも上ったとされる。

明治4（1871）年には、不平等条約改正の下交渉と欧米文化の視察のために、岩倉使節団が組織

夷共和国」を樹立。戦いに敗れて投獄されるも特赦により3年で出獄。維新後は、駐露特命全権人使、文部大臣、外務大臣などの要職を歴任した。

榎本武揚

※勝海舟
文政6（1823）年～明治32（1899）年。貧しい旗本の家に生まれ苦学して蘭学を修め、安政の改革以降、幕府に重用され、神戸海軍操練所をつくるなど海軍の育成に努める。戊辰戦争では、幕府に恭順をすすめ、西郷とともに江戸城の無血開城を成し遂げる。維新後、海軍卿、枢密院の顧問官など新政府の要職を歴任する。

された。使節団は総勢46名（留学生、随員を含めると107名）、そのうち10名以上が旧幕臣だった。明治政府がいかに柔軟だったかということの表れだろう。

明治政府はその後、首脳部の登用も門閥を廃し、能力主義に切り替えていった。発足当時の新政府は旧大名や皇族などを中心に据えていた。明治維新は薩長によるクーデターではなく、あくまで諸藩が団結して、天皇を中心とした新国家をつくるという建前だったからだ。〝挙国一致〟感を出すために、当初は皇族や有力藩の藩主などを政府中枢に担ぎ上げたのだ※。

しかし、明治4（1871）年の廃藩置県後に制度改正がなされると、明治維新で功績を挙げた下級武士たちが政権の中枢を担うようになった。旧大名や皇族たちでは、実質的にあまり役に立たなかったからである。

このように明治新政府は「地位が高いが役に立っていない者」をおおがかりにリストラしていった。それが明治日本が活性化できた大きな要因だと言えるだろう。

※維新直後の要職者
それまであった幕府や摂政、関白が廃され、天皇の下には、総裁、議定、参与の三職が置かれた。総裁には有栖川宮親王、議定には皇族や薩摩、長州、土佐などの有力藩主が就任したが、ほどなくして体制は一新された。

5 西洋の文化・文明を貪欲に吸収した

【最先端の知識や技術を導入し国家運営に役立てる】

●密留学、万博、岩倉使節団……欧米の知識を貪欲に求める

富国強兵プロジェクトが成功した要因の一つに、当時の日本人たちは「西欧のことを知ろう、学ぼう」という姿勢を持っていたことが挙げられる。

幕末、日本は「黒船の来航で太平の眠りから覚めた」と言われているが、実はそうではない。幕府や諸藩の中には、外国の情報を熱心に収集している者もたくさんいたのである。

黒船が来る前から、欧米の文明の凄さや、アヘン戦争の情報などは入ってきていた。江戸時代は鎖国していたとされるものの、オランダとは交易をしており、そこを窓口にして世界情勢を収拾していたのだ。

オランダ語やオランダの技術を学ぶ「蘭学※」は、江戸時代の流行の学問であり、この蘭学からも、多くの西洋の情報がもたらされていた。大阪で適塾を開き日本で初めて天然痘の予防を行った緒方洪庵や、幕末に威臨丸での渡米航海を成功させ、戊辰戦争で江戸の無血開城に尽力

※蘭学（らんがく）
江戸時代、唯一、外交関係があったオランダを通じて持ち込まれた西洋の学問、文化、技術の総称。

1873年ウイーン万博での日本館の様子。左手に金のしゃちほこが見える。

した勝海舟も、蘭学を修めていたのだ。

黒船が来てからは「欧米のことを知りたい」という日本人の欲求は、ますます膨れ上がった。

外国への渡航が禁じられていたにも関わらず、長州藩の吉田松陰は黒船に密航しようとして捕縛されているし、薩摩藩や長州藩は秘密裏にヨーロッパに留学生を派遣していた。かの伊藤博文も幕末にイギリスに留学しているのだ。

外国に目を向けたのは、志士や藩だけではなかった。幕末明治の日本は万国博覧会にも参加している。

世界で初めて万国博覧会が開かれたのは、１８５１年のことである。そのわずか16年後、パリで開かれた１８６７年の万国博覧会に、日本は正式出品している。当時、まだ幕府が倒れる前だったので、日本政府の代表として幕府が出品したのだ。

このパリ万博の日本代表団の中には、※渋沢栄一もいた。日本代表団は万博の後も当地に1年ほどとどまり、ヨーロッパ中を見聞した。渋沢は鉄道、各種の工場、造船所、製鉄所、銀行などを精力的に見学し研究した。「2時間で14万枚の印刷をする」というタイムズ新聞社や、イ

※渋沢栄一
（１８４０〜１９３１）
武蔵国（現埼玉県）の富農の家に生まれる。青年期に出奔し尊王攘夷運動に参加。一橋家に仕え、当主徳川慶喜が将軍になると幕臣として取り立てられる。維新後は新政府の大蔵省に出仕し、財政制度の基礎作りに参画するも上司の井上馨の失脚にともない、下野。その後は実業家として活動。第一勧業銀行、東京海上、東京瓦斯など、５００社以上の設立に関与したとされ、「日本の資本主義の父」とも呼ばれている。

ングランド銀行では金銀貨幣の貯蔵所なども見て回った。これが後の明治日本の経済社会にどれだけ役に立ったかわからない。

明治政府として、初めて出品した1873年の※ウィーン万国博覧会では、※大隈重信を代表に据え、政府の威信をかけた展示を行った。展示品の中には、鎌倉の大仏の原寸大の模型もあった。あの巨大な造形物が、展示会場に置かれていたのである。さぞやヨーロッパ人を驚かせたはずである。また名古屋城の金のしゃちほこも展示された。

明治４年に欧州へ渡った岩倉使節団。左から木戸孝允（副使）、山口尚芳（副使）、岩倉具視（特命全権大使）、伊藤博文（副使）、大久保利通（副使）。

当時、これほど万博に積極的に参加した国は、アジアでは日本だけである。中国も1873年のウィーン万博に一応出品しているが、これは商人が取り仕切ったもので、国家の代表とはいい難かった。中国（当時は清）が国家の代表として本格的に参加したのは、日本に遅れること10年、1876年のフィラデルフィア万国博覧会からだ。清は日本よりもかなり早く開国していたにも関わらず、である。

しかし、これは清だけのことではなく、アジ

※ウィーン万国博覧会
1873年の5月1日から10月31日まで、オーストリア＝ハンガリー帝国の首都ウィーンで開催された万国博覧会。35ヶ国が参加した。日本館は大きな評判を呼び、展示物の販売も好調だったため、翌年、内務省の肝いりで日本の物品を海外に輸出する商社「起立工商社」が設立された。

※大隈重信
（1838〜1922）
佐賀藩の武士の家に生まれ、維新後、政府に請われて、要職を歴任したが薩長勢力と対立し、政府を追われる。下野後には、政党「立憲改進党」を組織し、明治31（1898）年には日本初の政党内閣による首相に就任した。早稲田大学の創設者でもある。

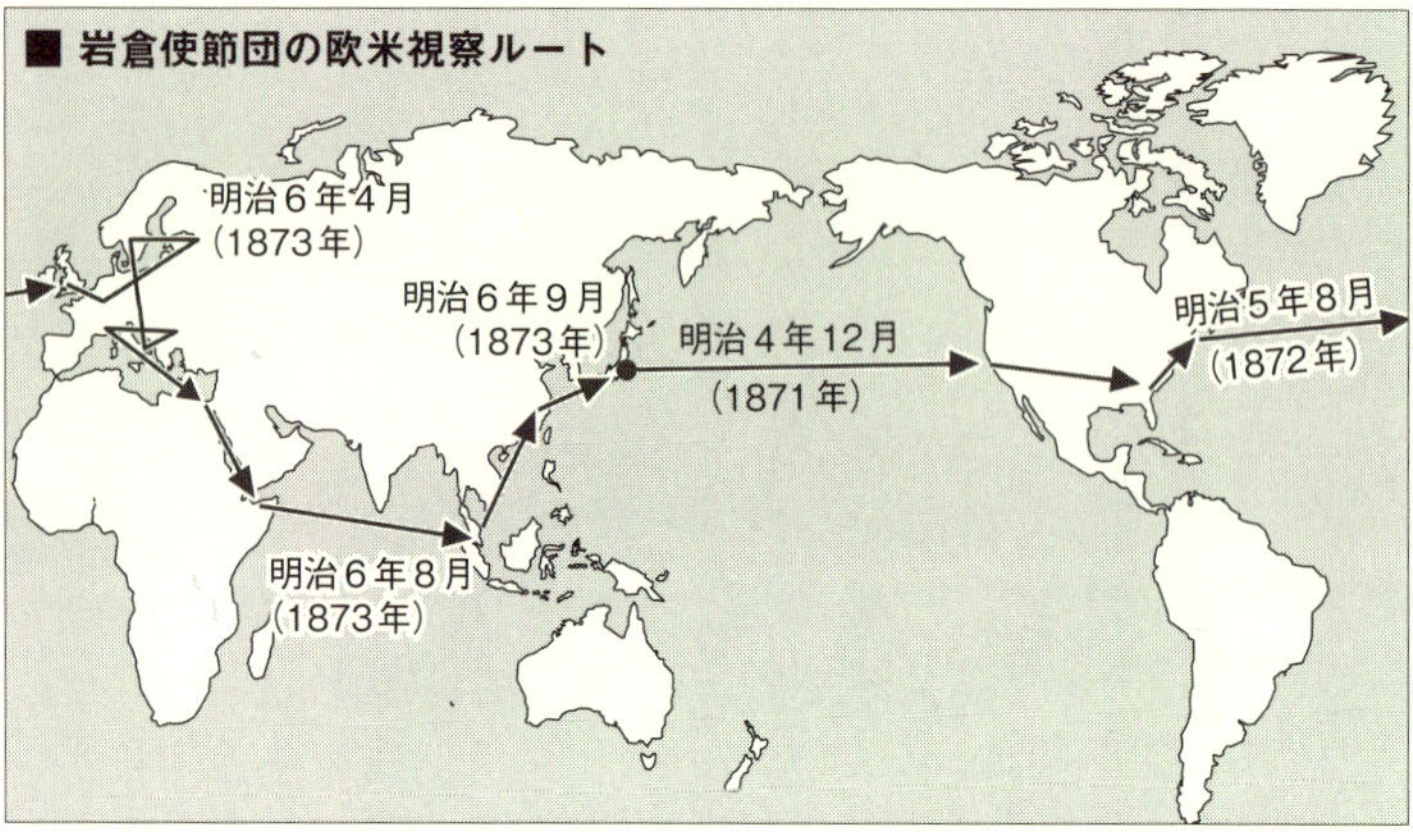

岩倉使節団は横浜港を出発し、アメリカのサンフランシスコに到着。アメリカに8ヶ月滞在した後、イギリス、フランス、ドイツなど欧州12ヶ国を訪問。1年9ヶ月後に横浜港に帰港した。

ア諸国はどこもそうだった。日本だけが、鋭敏に欧米へのアンテナを張っていたのである。

●岩倉使節団の視察旅行

その日本人の「アンテナ気質」がもっともよく表れているのが、岩倉使節団といえる。

岩倉使節団は、右大臣の岩倉具視を特命全権大使とする視察団で、不平等条約改正の下準備と欧米の技術や文明を視察する目的で2年近くにわたってヨーロッパやアメリカに滞在した。※

しかし、それは時期的に見て大冒険だった。岩倉使節団が海を渡ったのは明治4（1871）年。まだ、維新の混乱が収束していないさなかである。そんな重要な時期に、政府の中枢が国を空け、長期にわたる視察旅行にでかけたのだ。

政府の中枢メンバーが大挙して長期間、他国を視察行脚するなどということは、世界史的にもほとんど例がない。日本人がそれほど「状況

※岩倉使節団の目的
この岩倉使節団には、大きく2つの目的があった。一つは、不平等条約の改正のためのデモンストレーションである。日本には近代的な国家が出来たことをアピールし、これまで結ばれていた欧米との不平等条約を改正しようというわけである。そしてもう一つが、欧米の新技術の視察である。前者の目的は、達することはできなかったが、後者の目的は、立派に果たしたといえる。

把握」を大事にしたということである。

岩倉使節団は、特命全権大使の岩倉具視《いわくらともみ》をはじめ、副使として長州藩の木戸孝允《きどたかよし》、薩摩藩の大久保利通、他に長州藩の伊藤博文、山田顕義《やまだあきよし》、土佐藩の佐々木高行ら全部で46名、留学生として派遣される青少年43名と随行員を合わせると総勢１０７名にも及ぶ大所帯だった。

岩倉使節団は、まずサンフランシスコに上陸して横断鉄道で首都ワシントンに赴き、その後、イギリス、フランス、ベルギー、オランダ、ドイツなどを訪問した。

一行は、アメリカの豪勢なホテル設備、イギリス・リバプールの造船所、グラスゴーの製鉄所、上水道、下水道の整備された町並みなど、欧米の科学技術の最先端を見て回った。

岩倉使節団の面々は、産業の発達には、鉄道などのインフラ整備や、教育制度の充実が欠かせないことを身を持って経験した。そして、この岩倉使節団に参加した者の多くは、帰国後、国の中枢となって国家建設に従事した。※

大日本帝国が、素早く欧米の文明を採り入れられたのは、この岩倉使節団の功績も大きかったといえる。

※岩倉使節団出身者
岩倉使節団に同行した留学生からは、後に国家建設で大きな働きをする多くの人材が輩出されている。一例を挙げると、明治期に思想家・政治家として活躍した中江兆民、伊藤博文の側近として大日本帝国憲法の起草に携わった金子堅太郎、三井財閥の総裁となった團琢磨（だん・たくま）、外務大臣などを歴任した牧野伸顕（まきの・のぶあき）、津田塾大学の創設者である津田梅子などがいた。

團琢磨

6 維新からわずか5年で鉄道を作った

【欧米以外では初の自国での鉄道建設】

●維新からわずか5年で鉄道を作り上げる

富国強兵プロジェクトを素早く遂行するにはどうすればいいか？

明治新政府が最優先課題として取り組んだのが、インフラの整備だった。特に交通機関の整備は文明開化には不可欠なものだった。そこで最優先でつくられたのが、鉄道であった。

19世紀は鉄道の時代だった。19世紀前半には、イギリスで初の商用鉄道が開業。※ついでフランスやアメリカ、ドイツなどでも鉄道の建設ラッシュが始まった。19世紀の中頃から後半にかけては、中東やインド、オーストラリアなどでも相次いで鉄道が開通。鉄道という強力なインフラは各地の産業構造を劇的に変化させていた。

鉄道の有用性にかねて気づいていた明治新政府は、維新直後から鉄道建設に向けて動き出した。そして、維新からわずか5年の明治5（1872）年、品川～横浜間の鉄道開通を成し遂げたのである。

※イギリスで初の商用鉄道が開業
世界初の商用列車とされるのは、イギリスのストックトン＆ダーリントン鉄道（総距離40キロ）。当時のイギリスは鉄道先進国で、1863年には世界初の地下鉄も開業させている。

これは世界から見れば、きわめて画期的なことだった。実は欧米以外の国が自力で鉄道を建設したのは、日本が初めてだったのだ。

当時、すでに中国やオスマン・トルコでも鉄道が開通していた。しかし、それは自国で建設したものではなかった。外国の企業に鉄道の敷設権や土地の租借権を与え、その企業の資本で建設してもらっていたのだ。もちろん、鉄道を運営するのも外国企業である※。

しかし日本の場合は違った。

鉄道の技術こそ外国から導入したものであったが、建設の主体はあくまで日本であり、運営も日本自身が行っている。

明治新政府の鉄道計画が持ち上がったのは、明治2（1869）年11月、朝議において東京と京都を結ぶ幹線と東京～横浜間、京都～神戸間、琵琶湖～敦賀港間の4路線の敷設が決定した。

新政府は鉄道敷設の資金を、広く日本中から集めようと考えていた。しかし、それにはまず鉄道とはどういうものかを国民に知らしめる必要がある。そこで新政府は※ロンドンで外国公債を発行し、資金を調達する

明治時代の列車

※中国の鉄道
中国が初めて自国で鉄道を敷設したのは、1882年。ちなみに韓国初の鉄道は、1899年に開通したソウル～仁川間の京仁線。当初はアメリカの実業家モーリスによって建設されていたが、敷設権が日本の渋沢栄一らに譲渡され日本資本の会社「京仁鉄道合資会社」によって開通した。韓国が自国で鉄道を敷設するのは、戦後になってのことだった。

※ロンドンで外国公債を発行
この外国公債は、イギリスのオリエンタル銀行が発行を引き受けた。オリエンタル銀行は、日本の明治初期の産業育成に大きな役割を果たしたが、銀の価格暴落などの影響で経営が悪化し、1884年に清算している。

とデモンストレーションとして新橋～横浜間から建設を始めた。

工事は早くも朝議の翌年に開始され、沿線住民の反対などに遭いながらも、２年後の明治５年５月、新橋～横浜間29キロの仮運転にこぎつけた。

鉄道開通とともに、沿線には連日見物人が押し寄せた。日本人は鉄道の利便性を肌で感じ、新政府の狙い通り、各地の商人や実業家たちがこぞって鉄道の建設を始めるようになった。

明治14（１８８１）年には、日本初の私設鉄道会社「日本鉄道」※が設立。土地の収容や工事代行など新政府の手厚い保護を受け、10年後には上野～青森間を開通させた。

明治20年代には、日本鉄道会社に続けとばかりに各地で民間の鉄道会社が勃興。日本の鉄道網は勢いよく広がっていく。そして、初開通からわずか35年後の明治40年には、日本の鉄道の営業キロ数※は９０００キロを超えるほどになっていたのだ。

●鉄道を自国で作ったことが運命の分かれ目

当時のアジア諸国にとって「鉄道を自国で作る」というのはふたつの重要な意味があった。

まずひとつは、「国力の増強」である。

鉄道のある国と鉄道のない国では、産業構造がまったく違う。流通が発達していないと、生産者はモノを広く売ることができないし、消費者もまた色々なモノを買うことができない。したがって生産も消費も拡大せず、産業は必然的に発展しない。しかし、流通が発達すればモノを売る範囲が飛躍的に広がる。市場も拡大し、生産量も増えていく。

※日本鉄道
明治14年に設立された私鉄。当時、西南戦争などで国の財政がひっ迫し、新しく鉄道建設をできる状態ではなかった。そのため、岩倉具視などが音頭をとり、華族などの資金をもとに鉄道を建設しようという趣旨で設立された。東北本線、常磐線など、東日本の基幹線の多くは、この日本鉄道が建設したものである。明治39（１９０６）年、鉄道国有化法により国鉄に買収された。

※明治40年の営業キロ数
国有鉄道が７２６１キロ、私鉄が１７４４キロだった。それまで日本の鉄道は、私鉄の方が営業キロは多かったが、明治40年に４８００キロの私鉄路線を国有鉄道が買収し、現在のＪＲに近い姿となった。

また、鉄道は国内の飢餓問題を解決する手段でもあった。

ある地域が凶作になった場合、他の地域からスムーズに穀物を輸送できれば、飢餓をふせぐことができる。実際、鉄道が開通する前の日本では、流通網の不備のため、悲惨な状態になることがしばしばあった。たとえば、明治2年には東北、九州地方が凶作に陥ったが、他の地域は豊作か例年並みで余剰米があった。しかし、物流がスムーズにいかず、東北や九州地方では米価の高騰を招いた。鉄道があれば、そうした問題も解決されるのだ。

大正３（1914）年12月には、中央停車場として東京駅が開業した。（『１億人の昭和史11　昭和への道程　大正』毎日新聞社より）

　こうした鉄道に国民も大きな期待を寄せていった。

　明治18（１８８５）年の鉄道会社への※資本金払込総額は、７１３万６０００円だった。日本の工業に関するすべての企業への資本金払込総額が７７７万１０００円だったので、同じくらいの資本金が鉄道というひとつの業界に投入されていたことになる。

　また明治28（１８９５）年は鉄道会社への資本金払込総額は７３２５万３０００円に達し、工業全企業への資本金払い込み総額５８７２万９０００円を大

※資本金払込総額
鉄道会社への資本金払込金、および工業の全企業の資本金払込金のデータは、杉山伸也『日本経済史・近世〜現代』（岩波書店）による。

きく上まった。当時の鉄道会社の規模は、日本の全工業の規模よりも大きかったということである。

この傾向はその後しばらく続き、工業全社の資本金払総額が鉄道会社を超えたのは、日露戦争後のことだった。明治日本の産業は、鉄道網の広がりに応じて発展していったと言えるのだ。「鉄道を自国でつくること」のもうひとつの意味は「外国に自国の基幹産業を握らせない」ということである。

欧米諸国にとって、鉄道はひとつの侵攻の手段でもあった。先に述べたように、外国の企業に鉄道敷設を任せた場合、鉄道関連施設の土地を租借する権利を与えることになる。欧米列強はこの権利をきっかけにして、領土に侵攻してくるケースが多かったのである。

たとえば、中国から満州※における鉄道敷設権とその付随する土地の租借権を得たロシアは、それを盾にとって満州全土に兵を進めた。そして日露戦争に勝利し、ロシアから南満州鉄道の権利を譲り受けた日本も、それをきっかけに満州に兵を駐留させ、同地を満州帝国として独立させてしまった。このように外国に鉄道を作らせるということは、それだけ危険を伴うことだった。明治新政府がすばやく自前で鉄道を作ったということは、外国からの侵攻を防ぐという意味でも非常に大きなことだったのだ。

●鉄道建設は軍事力を飛躍的に高めた

鉄道建設は、軍事力を高めるということでもあった。鉄道網の発達は、兵の動員を素早く行

※満州における鉄道敷設権が与えられたのは、日清戦争後。日本の遼東半島領有を阻止する三国干渉に参加したことへの見返りとされる。ロシアはこの敷設権をもとに、シベリア鉄道とウラジオストクを結ぶ中東鉄道（東清鉄道）を敷設した。

える、ということでもあるからだ。

その国の軍事力というのは、単に保持している兵力だけでは測れない。どれだけ早く兵力を戦地に運べるか、輸送力も重要な要素となる。

たとえば、100の兵力を持っていたとしても、戦場に50しか動員できなければ、その国は50の兵力しかないことと同じだ。一方、50の兵力しか持ちあわせていなくても戦場にすべての兵力を動員できれば、その国は100の兵も持って50しか動員できない国にも対抗できるわけである。

昭和6（1931）年、中国北東部の前線に向けて岡山駅を発つ兵士たち

また100の兵を持っていても、それを一つの戦場にしか参加させられなければ、その国の兵力はのべで100ということになる。

しかし、50の兵しかいなくても、素早く輸送することでいくつもの戦場に参加させることができれば、その国の兵力は200にも300にもなる。

つまり、「兵力×輸送力」がその国の本当の軍事力になるわけである。

明治政府は、そのことを非常によく理解していた。そして鉄道建設も、常に「軍事輸送を高める」ということを念頭に置いて進められていたのだ。

たとえば明治14（1881）年、政府は、東京〜青森・高崎間に鉄道を敷くために設立申請をしていた日本鉄道に対し、※鉄道特許条約書の24条で「非常の事変乱等の時に当ては会社は政府の命に応じ、政府に鉄道を自由にせしむるの義務あるものとす」と命じた。

日本鉄道というのは、明治前半にもっとも大規模に鉄道建設をしていた会社である。明治政府は、鉄道を建設する際には「軍用」ということを常に頭に置いていたわけである。

また政府は、日本鉄道の東京〜高崎線の建設に先駆けて、高崎から新潟に至る清水越新道の建設に着工している。東京から日本海沿岸につながる交通網の整備をし、大陸で有事があったときに対応するためである。

日本軍の特徴でもある「素早い動員」は、こうした地道な努力の上に成り立っていたのだ。

※鉄道特許条約書
鉄道の敷設を認可する際、政府との間で取り交わされた契約書。

7
日本沿岸から外国商船を駆逐した
【値下げ競争でアメリカ商船、イギリス商船に勝利】

●海の覇者、大英帝国に見たヒント

明治新政府は、鉄道だけではなく、海運業の充実にも力をいれた。

岩倉使節団で欧米を見聞した政府高官たちは、海運業が一国の経済発展に不可欠なものであることに気づいた。

なかでも大久保利通は、大英帝国の栄光が海運業の発展とともにあることを知り、海運業のあり方をイギリスに学ぶべきだと考えた。

イギリスでは17世紀に「航海条例」※というものがつくられた。17世紀当時、海運業で圧倒的な力を持っていたオランダに対抗するため、入港船の船籍を限定するなどして、自国の海運業を保護したのだ。この航海条例は、１８４９年までの２００年間続けられ、海の大国イギリスをつくる上で大きく役に立った。

大久保利通らは、このイギリスの航海条例に学び、海運業者の保護育成に乗り出したのだ。

※航海条例
１６５１年にイングランド（イギリス）で制定された法律。当時、貿易で大きな比重を占めていたオランダ船を締め出すために作られた法律で、イギリスの植民地における外国船の交易が禁じられることになった。

日本郵船に所属した貨客船「常陸丸」。日露戦争時には陸軍御用船となるも、ロシア軍に撃沈された。

●日本沿岸からイギリスとアメリカを締め出す

幕末から明治初年にかけて、日本沿岸の船舶輸送というのは、イギリス、アメリカが大半を握っていた。明治維新期には、日本の民間人には西洋船の所有が禁じられていたので、競争のしようもなかった。

そのため、新政府はまず明治2（1869）年に、日本の民間人による西洋船の所有を解禁した。

続いて明治4（1871）年、※駅逓頭の前島密が政府の肝いりによる運輸会社の設立を画策する。それが※「日本国郵便蒸気船会社」である。前島は、廃藩置県により没収された各藩所有の船を払い下げるなどの保護を行い、「日本国郵便蒸気船会社」を外国の運輸会社に対抗できるように育成しようとした。

明治7（1874）年には、政府は台湾出兵に伴い、兵員などの輸送のために13隻1万1974トンの汽船を購入。これらの船舶は台湾出兵後、※岩崎弥太郎の「三菱商会」に委託された。政府は三菱商会に※多額の援助金を出して後押しをした。政府の後ろ盾を得た三菱商会は、日本沿岸の航路をまたたくまに占有していった。いまに続く、三菱財閥の起源である。

※駅逓頭
駅逓（えきてい）とは、郵便事業などを司る明治初期の官庁のこと。駅逓頭はその長官。駅逓は、明治18（1885）年に逓信省に引き継がれる。

※日本国郵便蒸気船会社
明治5（1872）年に政府が設立した国有の海運会社。後に三菱商会と合併。郵便汽船三菱会社を経て、さらに共同運輸会社と合併し、明治26（1893）年、株式会社日本郵船会舎（現在の日本郵船）になった。

※岩崎弥太郎
（1835～1885）
三菱財閥の創始者。土佐の地下浪人（武士の株を売って浪人になったもの）の家に生まれるが、土佐藩の参

三菱商会が次に戦いの舞台に選んだのが、上海と横浜を結ぶ上海航路だった。

当時、この上海航路はアジアの重要な海のルートで、海運業者にとってドル箱航路ともいえるものだった。しかし、上海航路は外国の海運業者の独占状態にあった。アメリカの太平洋郵船である。

政府の支援を受けた三菱商会は、明治8年に日本初の外国航路である上海航路を開拓すると、太平洋郵船に運賃値下げ競争で挑んだ。激しい値下げ競争の末、太平洋郵船はついに撤退を決断。日本政府の交渉により、太平洋郵船の船舶と港湾施設を総額81万ドルで買い取ることで、同社をこの航路から撤退させることに成功した。

翌年には、イギリスのP&O汽船が上海航路に参入してきた。しかし、三菱商会はここでも政府の支援で価格競争をしかけ、同社を撃退している。

これらの保護政策により、明治9（1876）年には、日本の開港間の航路は、日本船が89・1%を占めるに至った。日本沿岸の航路から、外国の船会社をほぼ駆逐してしまったのだ。

これは、それまで外国の船会社から得ていた運賃収入を、日本人が得るという直接的な利益もあったが、軍事上でも大きな利点があった。日本沿岸の海運を押さえておけば、戦争になったとき、すばやく兵員や軍事物資を輸送できるのだ。

「富国」だけでなく、「強兵」をも同時に実現しようとする、明治新政府のしたたかさがよく表れていると言えるだろう。


政（首相格）吉田東洋に見いだされ、幕末には土佐藩の商務部である「土佐商会」の主任になる。坂本龍馬などとも親交を深め商業を志し、維新後は政商として大躍進する。

岩崎弥太郎

※多額の補助金
この当時の三菱商会に対する政府の補助金は、総額805万円（当時の米価をもとに現在の価値に換算すると約560億円）にのぼった。

8

【アジアでいち早く電信網を整えた】通信先進国だった大日本帝国

●情報通信技術をいち早く取り入れる

明治新政府は、鉄道、航路といった交通網の整備だけでなく、情報通信のインフラ整備も行なっていた。

日本に初めて電信機が入ってきたのは、嘉永7（1854）年、いわゆる黒船来航の時だった。ペリーが持ってきた将軍への献上品の中に電信機が含まれていたのだ。この電信機は公開実験※され、当時の日本人たちは未知の技術に驚嘆させられることになった。

しかし、それからわずか約20年後、日本には、ほぼ全国に電気通信網が敷かれていた。

明治維新の直後から、新政府は情報網のインフラ整備にすばやく取り掛かった。

明治2（1869）年8月には、早くも横浜灯明台～神奈川県裁判所間に電信線を実験仮設し、この年の12月には東京～横浜間の電信による公衆電報が開始された。

明治5（1872）年には東京～神戸、翌年には東京～北海道間の電信線が開通。明治10年

※公開実験
これを見て薩摩、佐賀、水戸、越前藩などは、すぐに電信機の研究をはじめた。当時の日本人には、電信機の構造を理解できる知識と、それをコピーできる技術が、ある程度は備わっていたのだ。

頃までには、全国主要都市に電信線網が行き渡った。

明治新政府がこれほど電信インフラの整備に力を注いだのは、ただ電信が便利だったからだけでなく、欧米列強の脅威を排除するためでもあった。

鉄道の項目でも触れたが、欧米列強は経済交流などでその国の内部に巧妙に侵入してくることが多かった。産業力、資本力にものを言わせて、徐々に支配関係を築いていくのだ。

これは鉄道だけでなく、電信網の整備にも言えることだった。外国に通信網の整備を頼めば、関連施設の借地権や営業権などを与えることになる。外国に通信設備を握られるということは、自国の「神経」を他国に支配されるようなものだった。

維新直後、新政府に早速、ある外国企業が電信敷設※の打診をしてきた。デンマークの大北電信会社である。

大北電信会社は、単なる一個人の企業ではなかった。同社の大株主はデンマーク皇室で、その他、株主にはロシア皇帝まで名を連ねていた。大北電信会社の背後には、大国が控えていたのだ。

明治44年頃の渋谷・宮益坂。電信柱が立っているのが分かる。(『1億人の昭和史14　昭和の原点　明治』毎日新聞社)

※電信敷設権
当時の電信は電報が主であった。

大北電信会社は、電信網の敷設を希望していたフランスやイギリスの後押しを受け、猛烈に売り込んできた。新政府はついに折れ、上海、ウラジオストク〜長崎までの海底線の敷設権、また長崎〜横浜間の海底敷設権を与えることにした。

しかし、大北電信会社はそれだけでは満足しなかった。イギリスなどの後押しを得て、さらに本州〜九州間における陸上での電信線の架設権も要求してきたのだ。

この要求に慌てた新政府は、大急ぎで電信線を自前で架設し始めた。外国企業に陸上の電信設備を握られるのはかなわない。自分で電信線を整備するから、と諸外国を納得させようとしたのだ。

●世界有数だった大日本帝国の電信網

明治新政府の電信インフラの整備がいかに迅速だったか、いかに賢明な判断だったかというのは、当時の中国と比較すれば、わかりやすい。

中国では、明治3（1870）年に上海〜香港間の海底線の敷設権をイギリスに与えており、電信線の建設は当初ほとんどが外国企業によるものだった。

明治5（1872）年4月5日のニューヨーク・タイムズ紙※には、次のような記事がある。

「中国の電信線は、政府がいっさい加担せず、完全に外国資本と外国企業の手によって建設され、一方日本の電信線建設は、完全に政府の事業であり、そのために両国の発展傾向の違いが比較でき、実に興味深い」

※ニューヨーク・タイムズ紙　アメリカの高級日刊紙。創業は1851年。

この記事は、まるでその後の日本と清を言い当てているようでもある。自力で電信事業を開始した日本は、欧米に肩を並べる国に発展していき、電信事業を外国に委ねた清は、欧米列強にいいように食い物にされていった。

中国政府（新政府）による電信線の架設は、明治12（1879）年頃から始まる。日本よりも10年遅れである。その後の建設の速度も、まったく違う。日本は1880年代のうちに電信局は300局を越え、明治45（1912）年には4744局となっていた。中小都市はもちろん地方の村々にまで、電信網が行きわたった。

しかし、中国は明治45年の時点で、電信局は565局に過ぎなかった。

といっても、他のアジア諸国も似たようなものか、もしくは中国よりも遅れていた。鉄道とともに電信の分野でも、日本はアジア諸国に先駆けていたのである。

そして、電信の分野では、大日本帝国は世界でもトップレベルになっていく。

昭和10年の段階で電報数、電話通話数※ではアメリ

明治30年代の電話交換局（※）。グラハム・ベルが電話を発明した翌年（明治10年）には電話を輸入。明治の中頃には市内電話サービスが始まった。

※画像の出典
『決定版　昭和史2』（毎日新聞社）より。

※電話通話数
日本で電話による長距離通信が始まったのは、明治32（1899）年のこと。

カに次いで世界第2位だった。それだけ電信電話が普及し、市民生活に溶け込んでいたということである。

明治新政府は、電信網だけでなく、その他のインフラ整備にも積極的に取り組んでいった。エジソンの電力会社開業から遅れることわずか6年、明治19（1886）年には、日本初の電力会社「東京電燈」が設立。その後、大阪や神戸、京都、名古屋でも電力会社が開業し、電機産業が活発化した。明治25（1892）年には、東京の電灯の数が1万灯に到達。電気は徐々に国民にも行き渡るようになり、大正5（1916）年には東京や大阪で80％、全国では40％の一般家庭で電気が使われるようになっていた。

明治5年には、横浜で日本初のガス事業が開始。明治18年には現在の東京ガスの前身である東京瓦斯会社が設立された。東京瓦斯会社は明治35（1902）年、日本初の瓦斯竈《がすがま》の開発に成功。以降、ガスは熱源として普及するようになり、昭和4（1929）年には東京だけで60万4000軒に供給されるまでになった。

明治20（1887）年には、横浜市で日本初の上下水道に分かれた近代水道が完成※。明治44（1911）年には東京でも全面的に近代水道が敷かれていた。

こうした大日本帝国のインフラ政策は、世界的に見ても非常に急進的なものだった。この強力なインフラ設備をもとに日本の産業は大きく発展していくことになったのだ。

※日本初の近代水道
横浜は海を埋め立てて拡張した都市だったため、井戸水が飲用に適さなかった。そこで明治18年にイギリス人技師のH・S・パーマーを顧問に招き、相模川上流を水源とする近代水道の建設を開始。2年後に完成した。

9

富国強兵を実現した教育制度

【勉強ができれば身分を問わず出世ができた】

●ロシア兵よりも25%以上も高かった識字率

富国強兵は、政府がいくら懸命に動いたとしても実現できるものではない。制度やインフラを整備しても、政府の方針を理解して、実行に移す国民がいなければ絵に描いた餅になってしまう。

そこで新政府は樹立するやいなや、国内の教育整備に取り掛かった。

明治5(1872)年には、早くも義務教育の基礎となる「学制」を施行。日本全国に学校を作り、学費を無償化したのだ。そして明治8(1875)年には、日本全国で2万4303校の小学校を開設している[※]。現在の小学校数が、2万6000なので、明治維新からわずか8年で現在の小学校制度に匹敵するもの[※]を作り上げたのだ。

それに伴い児童の就学率も急上昇し、明治38(1905)年には95・6%に達した。明治後半には小学校に通うことが当たり前になったのだ。この就学率は当時のアジア諸国の中では群

※日本全国で2万4303校の小学校を建設『文部省第三年報』(明治9年)の記述による。

※現在の小学校制度に匹敵ただし、当時の小学校のすべてが新設されたものわけではなく、江戸時代の寺子屋の施設などをそのまま引き継いで使ったものも多かった。明治8年当時、小学校の40%は寺院であり、30%は民家を借りたものだった。

を抜いており、欧米の先進諸国にも引けをとらない数字だった。現代の世界に置き換えても、明治後半の就学率は非常に高いレベルにあるといえる。

教育の普及は、強い軍隊を作り出す要因になった。

たとえば、日露戦争で日本が勝つことができた理由のひとつに「兵士の質」がある。

日本とロシアの陸軍の満州地域での兵力比は、全期間を通じてほぼ互角だった。だが、軍の兵器を比べるとロシア軍が大幅に優れていた。とくにロシア軍が多数保持していた当時の最新鋭兵器である機関銃には、日本軍はかなり苦しめられることになった。

にもかかわらず、日本軍が戦争を優勢に進めることができたのは、ロシア軍の兵士の質※がかなり劣っていたからである。

ロシアには、近代国家における教育制度が整っていなかった。正確な統計はないが、日露戦争当時（明治37〜38年）のロシア兵の識字率は50％を切っていたとも言われている。一方、日本軍はどうだったかというと、明治35年に大阪の第10師団で行われた徴兵検査では、読み書き、算術ができない者はわずか25％だけだったと報告されている。

識字率というのは、近代戦争において重要な要素である。

一兵卒といえども、上官の命令を理解し、それを実行に移したり、仲間に伝えたりする能力が必要になる。武器の構造や使用法を習得するにも文字を読む能力は欠かせない。兵士の識字率が高いということは、それだけ有能な兵士を数多く持っているということなのである。

事実、ロシア兵の射撃能力や兵器の取り扱いに関する能力は、非常に低かったと言われてい

※ロシア軍の兵士の質
日本軍とロシア軍を比べた場合、兵卒だけでなく将校の質にも差があったとされることもある。日本軍の将校は士官学校を卒業した者で、ロシア軍は貴族など特権階級が将校を務めることが多かった。ロシア軍にとっての将校というのは、名誉職のようなものであったため、必然的に、職務への情熱や、向上心などが少なかったのだ。

る。ロシア軍の一斉射撃は、ほとんどが頭上高くを飛び越えるばかりだったのである。

●大日本帝国の教育制度

大日本帝国の教育制度について、もう少し掘り下げて見てみよう。

明治36年頃に撮影された東京帝国大学の赤門

明治新政府は、初等教育を充実させるだけでなく、高等教育の整備にも力を注いだ。

明治5年の学制では、全国を7つの大学区に分割。ひとつの大学区に32の中学校を置き、ひとつの中学区に210の小学校を設置すること、などが定められていた。

明治10（1877）年には、日本初の近代的な総合大学である、東京帝国大学が開校。帝国大学はその後も学制に沿って作られ、太平洋戦争の終戦までには内地に7校、外地に2校※が設置された。

大正時代に入ると、慶應義塾大学や早稲田大学といった私立大学も相次いで開校。また、明治の早い段階で軍の将校を養成する陸軍士官学校※、海軍兵学校、教員を養成する師範学校も開校している。

※内地に7校、外地に2校
開校順に記すと、東京帝国大学、京都帝国大学、東北帝国大学、九州帝国大学、北海道帝国大学、京城帝国大学（朝鮮）、台北帝国大学（台湾）、大阪帝国大学、名古屋帝国大学の全9校。

※陸軍士官学校等の開校
陸軍士官学校が開校したのは、明治7年。海軍兵学校は遅れること2年の明治9年に開校した。師範学校は明治6年にまず東京で、その翌年に全国6つの大学区にて開校した。

特筆すべきは、これらの高等教育機関の門戸が国民すべてに開かれていたということだろう。これは現代の我々から見れば当たり前に思えるが、当時としては画期的なことだった。

江戸時代までの日本では、身分によって受けられる教育が異なっていた。高等教育は武士のためのもので、身分を越えて高等教育を受けることは不可能に近かった。また、どれほど勉学ができたとしても、身分の垣根を越えて取り立てられることはなかった。日本に限らず、ヨーロッパの大部分の国でも教育の機会は限られたものだったのだ。

しかし、明治に入ってそれが一新される。維新期の改革「四民平等」※によって、身分制度の垣根が取っ払われたからである。

四民平等は、士農工商と被差別階級に分けられていた江戸時代の身分制度を廃して、「平民」と改めたものである。この四民平等によって、国民は職業選択・居住移転の自由や身分間の通婚の自由、そして高等教育を受ける自由を得ることになった。出自を問わず、勉強さえできれば出世できるようになったのだ。

これは貧しい家に生まれた場合も同様だった。師範学校や陸軍士官学校、海軍兵学校などは、授業料が無料の上、棒給まで支給された。実際、軍の幹部には貧しい家庭出身の秀才が多かった。貧しくても努力次第で進学できたのだ。

身分や貧富の差を問わず、優秀ならば国家が取り立ててくれる。そうした教育制度を整備したことが、大日本帝国というプロジェクトが急進展したことの要因だったといえるだろう。

※四民平等
四民平等の発案者は伊藤博文だとされている。明治2年の正月、伊藤博文は陸奥宗光らと連名で「国是綱目」という建白書を提出。その中で「国民に対して自在自由の権を与え、国家も士農工商をなくす。国民に職業の自由と、居住の自由を与える」「教育制度を整え、身分を問わず教育を受けさせる」として、士農工商の撤廃を求めた。当初は新政府高官に驚きをもって迎えられたが、後に四民平等として実行。しかし、武士や公家をなくすと混乱するということでそれらの階級は「士族」「華族」として残されることになった。

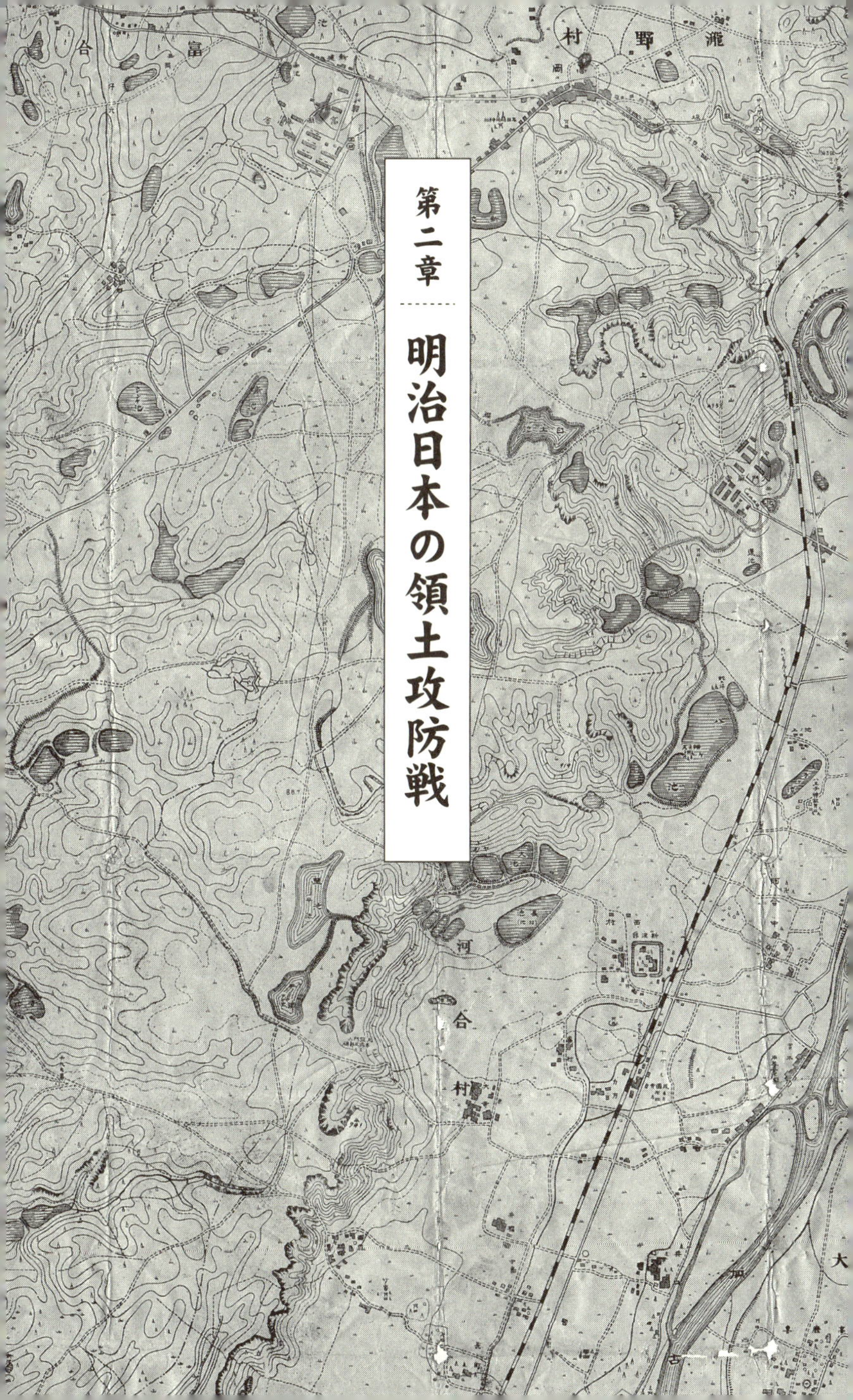

第二章

明治日本の領土攻防戦

1

【アジアで唯一、列強から領土の侵攻を受けなかった国】

明治日本はなぜ領土を守れたのか

●欧米の侵略から領土を守りきる

大日本帝国の大命題は「欧米からの侵略を阻止する」ということだったが、これを具体的に言うならば、「領土を侵食されない」ということである。

「領土を侵食されない」

と言っても今の日本人には、あまりピンとこないかもしれない。

が、19世紀から20世紀前半にかけての日本人にとっては、これは非常に大きな問題だった。実際、幕末から明治前半にかけての日本は、欧米からいつ侵食されてもおかしくない状況だった。なぜなら、18世紀から19世紀にかけてアジア、アフリカの国々で、欧米から領土を侵食されなかった国というのは、皆無に近いからである。※

たとえば清は、当時としても大国だったが、欧米諸国に屈して次々に領土を割譲していた。

インド、フィリピン、インドネシア、ミャンマー等、以前は国家として確立していた国々も軒

※アジアの植民地化
インドは18世紀の中頃にイギリスの東インド会社の支配を受けるようになり、19世紀中頃にはほぼ全土が植民地化していた。その他の地域では、ミャンマー（ビルマ）が19世紀の初頭にイギリスの、インドネシアは19世紀初頭にオランダの、フィリピンは1度はスペインから独立を宣言するが、20世紀初頭にアメリカの植民地になっていた。

並み植民地化された。※ハワイなどのように一瞬で強国に飲まれてしまった国もある。

植民地化を免れた国としてはタイなどが挙げられるがそれでも領土は随分侵食されている。

19世紀までのタイの領土はカンボジアやラオス、マレーシアなどにも及んでいたが、開国以降、イギリスやフランスが次々と侵食。タイは１９０９年までに支配地域を約46万平方キロメートルも割譲しており、このとき定められた国境線が今の国境線とほぼ同じである。今のタイの国土は約51万平方キロメートルなので、以前は現在の倍の国土があったわけだ。

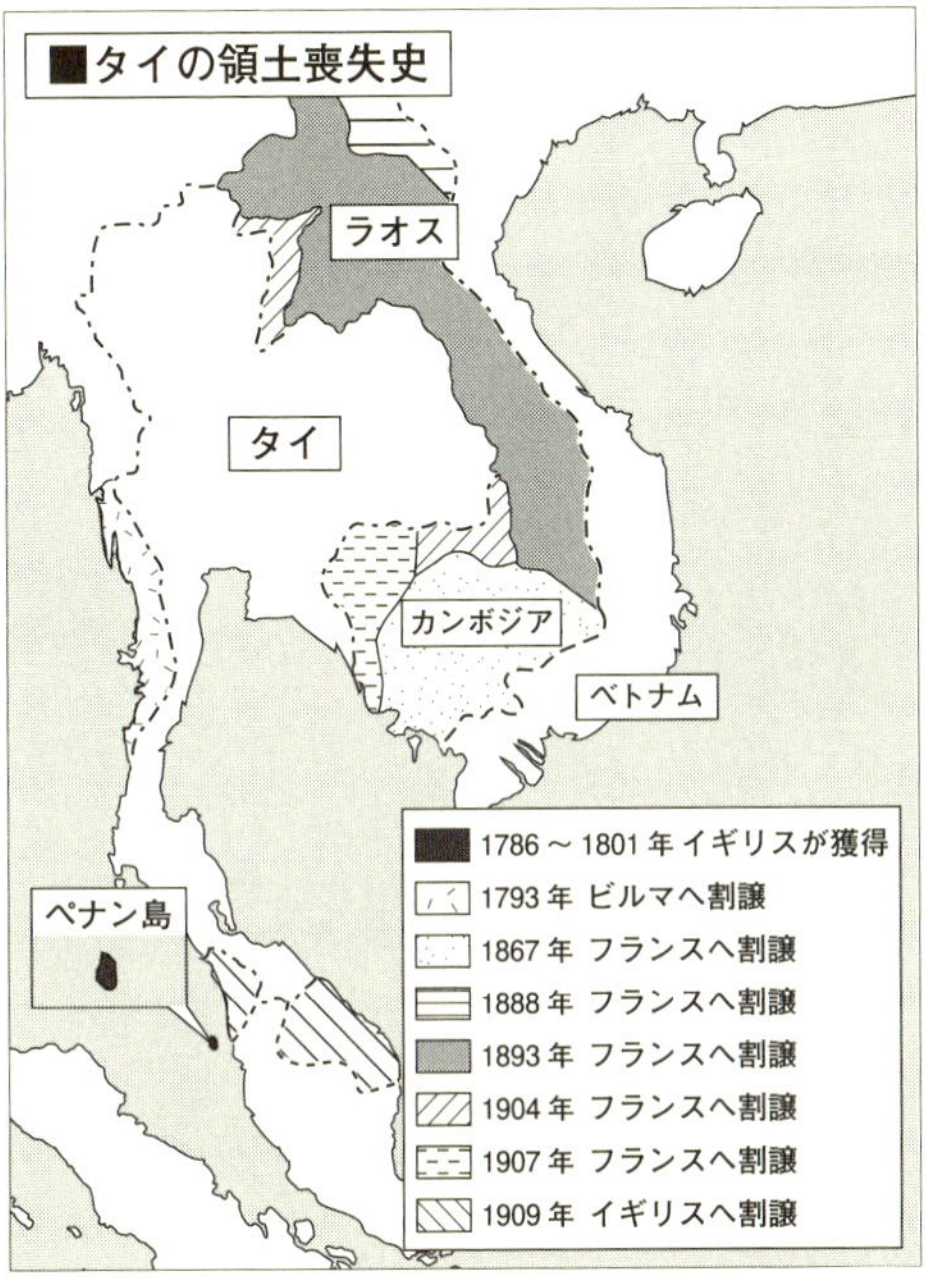

このように、当時のアジア諸国というのは、植民地になるか、領土を侵食されるかをしていたわけである。

そして、植民地になれば悲惨な運命が待っていた。

欧米列強は、アジア各地で主人然として振る舞い、アジア諸国の人々は家人のような立場に追い込まれていた。

それは、幕末の日本の指導者たちに大きな警戒感を与えた。

※ハワイの植民地化
ハワイは18世紀の終わりにカメハメハ1世が統一に成功。ハワイ王国として、欧米の影響を受けつつも独立を保っていた。しかし、１８７２年にホノルル港を調査したアメリカが、真珠湾が軍事的価値が高いことを察知し、その割譲を要求する。この要求は島民の反対で失敗に終わったが、アメリカがその後もハワイに圧力をかけ続け、１８７５年に真珠湾の使用の権利を奪取。１８９３年には１５０名の海兵隊を上陸させ、ハワイの王政を廃止させると、その5年後の１８９８年にハワイを併合してしまった。

そして、日本の指導者たちは「うかうかしていると日本もそうなる」と考えたはずだ。

当時の日本の指導者たちはまずは「領土を一片たりとも削らせない」ということに粉骨砕身した。だから開港もなかなか承諾しなかったし、租借地なども絶対に許さなかったのだ。「領土を守る」には、まず第一に重要なのは軍事力である。

これは観念的なことを言っているのではなく、現実的、歴史的にそういえることである。軍事力の弱い国は、他国から領土を侵食される可能性が大きい。だから、幕末から明治にかけての日本は、大急ぎで軍事力の増強に励んだのである。

その次に重要なのは、外交力である。

外交のやり方次第では、軍事力の不足を補うことができる。

幕末から明治前半の日本は、軍事力においては欧米に比べればかなり見劣りしていた。だから、当時の日本は、外交を駆使して、なんとか領土を守り切ったのである。

この章では、幕末から明治にかけて、日本の指導者がいかにして、領土を守ってきたのか、ということを追っていきたい。

2

巧みな外交で領土を守った幕末の日本

【幕末にあった2度の対外戦争で見せた外交力】

●なぜ日本だけが欧米の侵略を免れたのか？

大日本帝国は、「絶対に領土は削らせない」という意識を持っていた。

実際に日本は幕末の開国以来、ほとんど領土を削られてはいない。幕末、明治の指導者が死にもの狂いで守り通したからである。

当時の日本の指導者が非常に賢かったと思われるのは、彼らが「単純な攘夷《じょうい》」をすぐに放棄したことである。

当時のアジア諸国では、欧米の侵攻に反発し、「攘夷運動」※が巻き起こるケースが多かった。この攘夷運動が過熱して、欧米諸国との本格的な戦争に発展し、挙句の果てに、領土を削り取られたり、植民地化されたりしてしまうのである。

しかし、日本の指導者たちは、この轍は踏まなかった。幕末、日本でも攘夷運動が盛り上がる。が、ある時期から攘夷運動をぱったりとやめてしまうのである。そして、むしろ「欧米か

※攘夷運動
「攘」とは「払いのける」、「夷」は「異民族（外国）」の意。外国を追い払えという運動。

ら学べ」「学んで力をつけてから、対抗しよう」という方針に転換したのだ。

この転換ができたことが、日本が欧米諸国に侵攻されなかった最大の理由だと考えられる。

幕末の日本では、欧米軍と2度にわたって戦闘をしている。

薩摩藩とイギリスが戦った「薩英戦争」と、長州藩とイギリス、アメリカ、オランダ、フランスが戦った「下関戦争」である。当時の日本の指導者が賢明だったのは、欧米列強と戦闘をしたときに、すぐに講和を結んだことだった。

実は「薩英戦争」も「下関戦争」も、日本側が一方的に負けていたものではない。あまり知られていないが、人的被害を見るならば薩英戦争ではイギリス側の方が多く、下関戦争でも四ヵ国側の方が多かった。にもかかわらず、薩摩も長州も、すぐに講和に持ち込んでいるのだ。

ここが他のアジア諸国と大きく違ったところである。

欧米の兵を一旦、撃退することができたアジア国というのは、実は薩摩、長州だけではない。韓国（朝鮮）やアフガニスタンなどでも何度か欧米の侵攻を撃退している。※

しかし、アジア諸国は、戦闘の後で欧米列強との関係を築く努力をしなかったために、結局は、帝国主義の餌食になっていったのである。

●薩英戦争での賢明な選択

幕末の欧米との戦争で、日本がどういう始末をつけたのか、他のアジア諸国とはどこが違っていたのか、具体的に見ていきたい。

※何度か撃退
韓国は1866年のゼネラル・シャーマン号事件で、アメリカの武装商船を撃退。翌年には、フランス人宣教師殺害を契機に起こった軍事衝突でもフランス軍を撃退している。アフガニスタンは1838年から1842年にかけて行われた第一次アフガン戦争でイギリス軍を撃退している。

薩英戦争というのは、生麦でのイギリス人殺傷事件を契機として、文久3（1863）年に薩摩藩とイギリスの間で行われた戦争である。

薩英戦争は、そもそもイギリス側の落ち度が発端だった。

薩英戦争で薩摩藩の市街地を砲撃するイギリス艦隊

文久2（1862）年、薩摩藩主島津忠義の父・島津久光が700人の藩士ともに江戸から薩摩へ帰郷の途についていた。

この島津久光の行列が生麦村※に差しかかったとき、横浜に来ていたイギリス商人ら4名の乗った馬とかちあった。4名は行列の中を突き切るような形になり、警護の薩摩藩士がこれを無礼討ちにしてしまった。イギリス商人らは1人が死亡、2人が重傷を負った。

この事件で、イギリスは幕府と薩摩藩に対し、謝罪と賠償※を求めた。幕府は応じたが、薩摩藩は応じなかった。そのためイギリスは軍艦7隻による艦隊を鹿児島に派遣し、再度、薩摩藩に対して、謝罪と賠償を求めた。しかし薩摩藩はこれを拒否。イギリス艦隊が付近にいた薩摩藩の艦船3隻を拿捕したとき、薩摩藩はそれを宣戦布告とみなし、砲撃を開始した。

イギリス艦隊は7隻のうち、1隻が大破、2隻が中

※生麦村
現在の神奈川県横浜市鶴見区生麦。

※謝罪と賠償
イギリスは幕府と薩摩藩に対して謝罪と賠償を求めたイギリスは幕府には10万ポンド、薩摩藩には2万5000ポンドの賠償を求めていた。

破という損害を受け、戦死13名、負傷者50名を出した。戦死者の中には、旗艦ユーライアラスの艦長、副長もいた。※

薩摩藩は軍需工場であった集成館《しゅうせいかん》をはじめ、民家や武家屋敷など500戸が焼失などの被害を受けた。しかし、市民は当時、避難しており、人的被害はほとんどなかった。この戦争での薩摩藩側の死傷は、死亡が数名、負傷が18名という軽微なものだった。

このイギリス艦隊の失態に対して、本国では厳しい批判が向けられた。※

イギリス政府は城下町の攻撃は行きすぎだったと認めたのである。イギリスとしては、対薩摩戦略を考え直さざるを得なくなった。

この薩英戦争の後、薩摩藩が賢明だったのは、自軍を過大評価しなかったことである。薩摩藩は一応、英国艦隊を撃退したが、このまま戦争を続ければやがて敗けると踏んだ。そのため、すぐに講和に向かったのだ。

薩英戦争では戦争が終わったその月のうちに、薩摩藩の支藩の佐土原藩士を使者として横浜に差し向けている。そして3か月後には、講和を成立させている。

講和の主な条件は、薩摩藩が生麦事件の賠償として2万5000ポンド（約6万両）を支払うこと、生麦事件の犯人を処罰することだった。しかし、賠償金は幕府からの借款で行われ、生麦事件の犯人も「消息不明」とされたため、薩摩藩側にほとんど痛みはなかった。

しかも薩摩藩の抜け目がないところは、この戦争で欧米の科学力の高さに感服し、積極的に欧米と交際し始めたことである。薩摩藩は、イギリスから軍艦や武器などを大量に購入するよ

※戦死13名、負傷者50名　死者には、大砲の暴発事故による7名も含まれている。が、旗艦ユーライアラスの艦長と副長は、薩摩側の砲弾によって死亡している。とにもかくにも、大英帝国の絶頂期に、アジアの片田舎での戦闘でこれだけの被害を出したことは、イギリスにとって衝撃的なことではあった。

※本国で厳しい批判　戦闘の不甲斐なさに対する批判ばかりではなく、「幕府から賠償金を取っているのに、なぜ薩摩藩にまで賠償金を請求するのか」や「非戦闘員のいる城下町を攻撃するのは文明国の軍隊ではないじゃないか」という批判も巻き起こった。

うになり、この戦争のわずか2年後、藩士を大挙、英国に留学させている。

●英仏蘭米の大艦隊に健闘した長州藩

幕末におけるもうひとつの対外戦争である下関戦争は、以下の経緯により起こった。

ペリーの来航以来、日本では天皇を中心とした国家を作り、外国を打ち払う「尊王攘夷思想」が燃え上がっていた。

文久3（1863）年、天皇は幕府に対して外国を打ち払え、という命令を出す。※これは、長州藩士を中心とする尊王攘夷の志士たちが朝廷に働きかけた結果でもあった。

同年、長州藩は朝廷の命令をまともに聞き入れる形で、下関を通過する外国船に対して砲撃をはじめた。下関は、当時の日本の交通の要衝であった。下関海峡を封鎖されると、横浜に貿易物資が入ってこなくなり、当時の外国商社たちは、大きなダメージを受けることになった。

もちろん、外国も黙ってはいない。

長州が砲撃した半月後、イギリス艦隊が報復攻撃を行い、下関の砲台や長州藩の所有する艦船を撃滅した。

長州藩は砲台を修理すると、外国船に対する砲撃をすぐ

下関砲撃を受け、長州藩に報復攻撃を加えるフランス艦隊

※外国を打ち払え　孝明天皇から攘夷の命を受けた幕府だったが、攘夷を軍事力によるものと解さず、とくに行動にはでなかった。しかし、長州藩はただちにこれに反応。下関砲撃に出たのだ。

に再開した。これに業を煮やしたイギリスは、フランス、オランダ、アメリカに働きかけて四ヵ国で長州藩を攻撃することにした。

文久4（1864）年8月、英仏蘭米の四ヵ国は、艦船17隻で連合艦隊をつくった。そして、幕府の制止を振り切って下関に赴き、長州藩の砲台を徹底的攻撃した。

このときの攻撃は、艦砲射撃だけにとどまらず、※2500名の陸兵による上陸作戦も決行された。上陸部隊2500名というのは、けっこう大きな数である。たとえば、この30年後、日清戦争開始時の日本軍の※上陸部隊は4500名である。4500名で韓国の仁川に上陸し、朝鮮半島全土を制圧したのである。

長州藩側は、120門の旧式大砲と奇兵隊など2000人足らずの兵士で迎え撃った。

もちろん装備に勝る四ヵ国軍は優勢に戦闘を進めた。長州藩の大砲は、射程の短い青銅砲や※木製の「大砲もどき」で、兵士も旧式の銃しか持っておらず、弓矢を使っている者も多かった。それでも長州藩は健闘し、四ヵ国軍にかなりの被害を出させている。

この戦争で長州側は戦死者18名、負傷者29名をだした。しかし四ヵ国側も戦死者12名、負傷者50名を出しているのだ。死傷者の総数は、四ヵ国側の方が大きかったのだ

●高杉晋作が守った日本の領土

四ヵ国戦争でそれなりに健闘した長州藩だったが、薩摩藩と同様に、決して欧米列強をみくびらなかった。下関での戦闘が終わった翌々日には、四ヵ国艦隊に向けて使者を派遣し、すぐ

※2500名の陸兵
2500名の内訳は次の通り。イギリス軍、海兵、軽歩兵1200人、陸戦隊800人。フランス軍、海兵、水兵、陸戦隊合わせて350人、オランダ軍200人、アメリカ軍、海兵隊50人。

※上陸部隊
混成第9旅団。旅団長は大島義昌陸軍少将。

※木製の「大砲もどき」
長州藩は、大砲の数が少ないため、木製の偽物の大砲をつくり、艦上の四カ国軍を威嚇しようとしたのだ。

さま講和を行った。長州藩側の使者は、かの高杉晋作だった。
四ヵ国側は、長州藩に対して次の5つの要求を出してきた。

・下関での砲撃はやめる
・外国船に必要なもの（食料、燃料など）は、販売する。
・嵐などの非常時には入港を認める
・下関で新たな砲台は築かない（修理もしない）
・300万ドルの賠償金を払う

この要求は、アヘン戦争※で清が受けた要求に比べると、相当にやさしいものだといえる。それは「四ヵ国側も被害が大きかった」「長州が完膚なきまでに叩かれたわけではない」ということが大きく影響しているといえるだろう。

高杉はこの交渉に強気で臨み、「あくまで賠償金を要求するなら、むしろ戦うことを望む」※と言って賠償金を拒絶。四ヵ国側は長州に支払わせるのは断念し、代わりに幕府に求めることにした。

このとき四ヵ国側は長州領の彦島の租借を要求したという話もある。が、これも高杉が頑として受け入れなかったので、租借されるのを免れたという。もし租借を許していれば、彦島は第二の香港になっていた可能性がある。

※アヘン戦争での要求
アヘン戦争では、イギリスは清に多額の賠償金に加え、香港の割譲と、上海や広東など5港の開港を要求している。

※あくまで賠償金を要求～
末松謙澄『防長回天史』（柏書房）より口語訳。長州側は外国船の打ち払いは、朝廷が幕府に命令したことで、長州藩はそれに従ったまで。賠償金は幕府に求めよと主張。四カ国側はその主張を認め、幕府に賠償金を求めることにした。

この彦島の租借の話は、講和に同席した伊藤博文の伝記『伊藤博文伝』などごく一部の資料にしか見られないので、史実としては疑問を投げかける向きもある。

しかし、フランス軍艦「セミラミス号」搭乗の士官アルフレッド・ルサンの手記[※]にも、「賠償金の担保として、彦島や町の高台を占有しておくという話もあった」と述べられている。まったくの作り話ではないのだ。

高杉がこのように頑強に四ヵ国側の申し入れをはねのけたのには、大きな理由がある。

文久2（1862）年、高杉晋作は幕府が派遣した千歳丸に同乗し、上海に渡った。高杉はそのときのことを「遊清五録」という文章に残している。

支那人（中国人のこと）はことごとく外国人の便益となれり。イギリス、フランスの人、街市を歩行すれば、支那人みな傍らに避けて道を譲る。実に上海の地は支那に属すといえども、英仏の属地というもまた可なり。

高杉は、支那の人々が、英仏人の便利使いにされ、道を歩くときさえ譲っている、と記している。上海は清の土地のはずだが、英仏の土地ともいえるのではないか、と。

このときの経験が、高杉に「絶対に領土を削らせるわけにはいかない」という意識を持たせたのである。そしてこの高杉の意識が、日本を欧米の侵攻から守ったともいえるのだ。

※アルフレッド・ルサンの手記
アルフレッド・ルサン著、安藤徳器・大井征訳『英米仏蘭連合艦隊・幕末海戦記』（平凡社）より。

3

【大国が目をつけた小笠原諸島をすばやく領有した】

イギリスから領土を奪った明治日本

●ルールに沿って領地を増やす

大日本帝国はしばしば、「領土的野心の塊だった」というようなことが言われる。だから、韓国を併合したり、満州に進出したりしたのだ、と。

その一方で、「大日本帝国には領土的野心などなかった、大日本帝国の戦争はすべて防衛の為のものだった」などと言われることもある。

このふたつの論は、ともに事実とは少し離れていると思われる。

大日本帝国には、領土的野心はたしかにあった。しかし、それは当時の世界の潮流でもあった。大日本帝国が誕生したときというのは帝国主義の全盛期であり、「領土を少しでも増やすことが国のためになる」と思われていたのだ。

欧米列強は、あからさまな領土拡張主義を取っていた時期である。

欧米化を目指した日本が、その潮流に乗ることになったのは当然といえば当然である。かといって、当初から旺盛な領土的野心があったのではない。

日本は、幕末からたびたび欧米列強の侵攻を受けていた。幕府や諸藩の指導者層たちは、当然「これはうかうかしていられない」と思うのと同時に、欧米にならって領土を拡張することが国力の増強につながる、ということも感じていた。

そこで明治新政府は、日本近海で領有できるところはすべて領有しようとした。欧米のつくった領土の国際ルール※を学び、それに準じた上で、できるだけ領地を増やそうとしたのだ。

明治新政府のそのやり方は、非常に手際がよかった。今の日本が、周辺の島々を領有できているのも、明治新政府の素早い対応のおかげともいえる。

しかも明治政府は、大英帝国を相手に領土を分捕ったことさえあるのだ。

●イギリスから小笠原諸島を奪う

その領土とは小笠原諸島※のことである。

小笠原諸島というのは、東京から南東に1000キロ行ったところにある群島である。この小笠原諸島は、幕末、日本の領土ということが確定していたわけではなかった。そのため、イギリスが食指を伸ばしていた。明治新政府は、それをはねのけて自国領として認めさせたわけである。

小笠原諸島は、近代までは無人島だった。

最初にこの島々を発見したのは、16世紀半ばのスペインの商船だったとされる。日本との関

※領土の国際ルール
当時は所有者がいない土地は最初に領有を宣言した国のものになるという「先占」が領土取得のルールだった。

※小笠原諸島
東京都の南南東約1000キロの太平洋上にある大小30余りの島々。父島と母島以外はほぼ無人島。住所は東京都小笠原村になる。

わりが始まったのは、17世紀の後半。紀州の蜜柑船が漂着したのをきっかけに、幕府が調査船を派遣し、領有を宣言する標識を設置した。

しかし、その後、小笠原は捕鯨基地として欧米の注目を集めるようになり、各国が相次いで食指を伸ばすようになる。1827年には、イギリス人が領有を宣言。1830年には、ハワイのオアフ島から白人と先住民※が移住してきた。その直後にはあのペリーが来航し、アメリカ人を首長とする自治政府の樹立を宣言したこともあった。

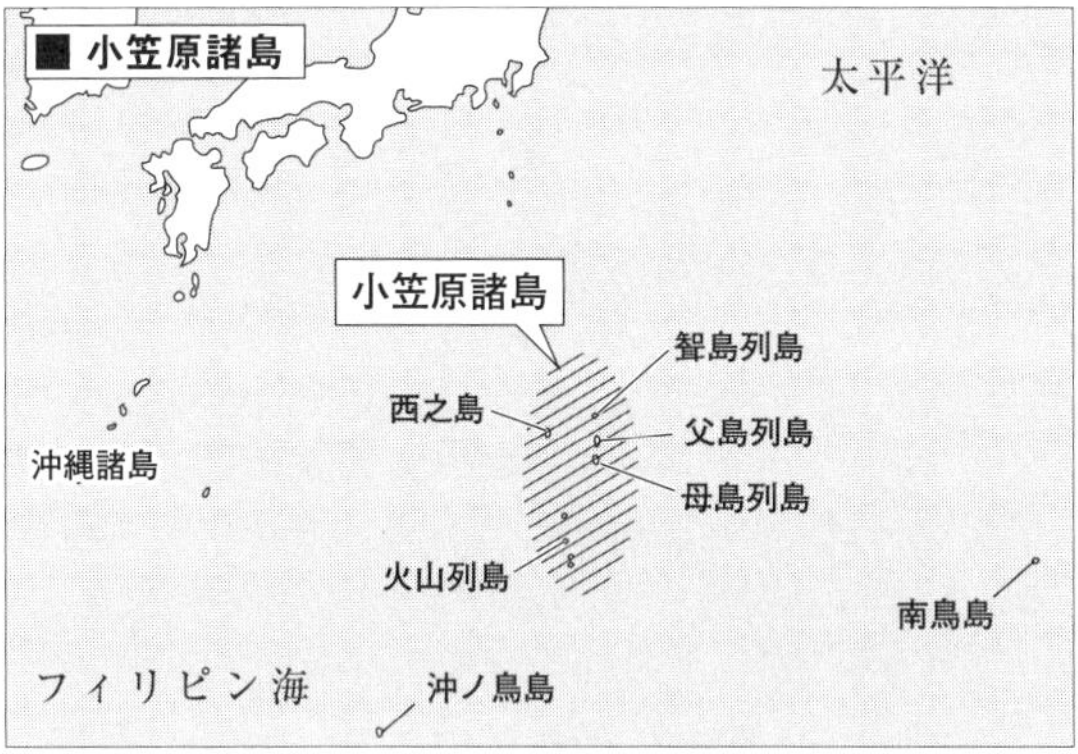

小笠原諸島は聟島（むこじま）列島、父島、母島列島などの島々からなる。

こうした動きを受けて、幕府は改めて小笠原の領有を宣言。島の測量を行い、八丈島から島民を入植させた。しかし、幕末の攘夷運動の影響もあり、入植者は撤退。小笠原諸島の帰属はあいまいなままだった。

しかし、明治維新以降になって、小笠原を巡る情勢は急展開を迎える。

1873年、イギリス公使パークスが、日本が小笠原を領有する意志がないならば、イギリス領とするつもりだと言ってきたのだ。

イギリスは1875年に領有の準備のために、艦隊を派遣すると明治新政府に通告。慌てた新政府も調査

※白人と先住民
アメリカ人のナサニエル・セイヴァリーら英米人5名と、ハワイの先住民たち数十名。

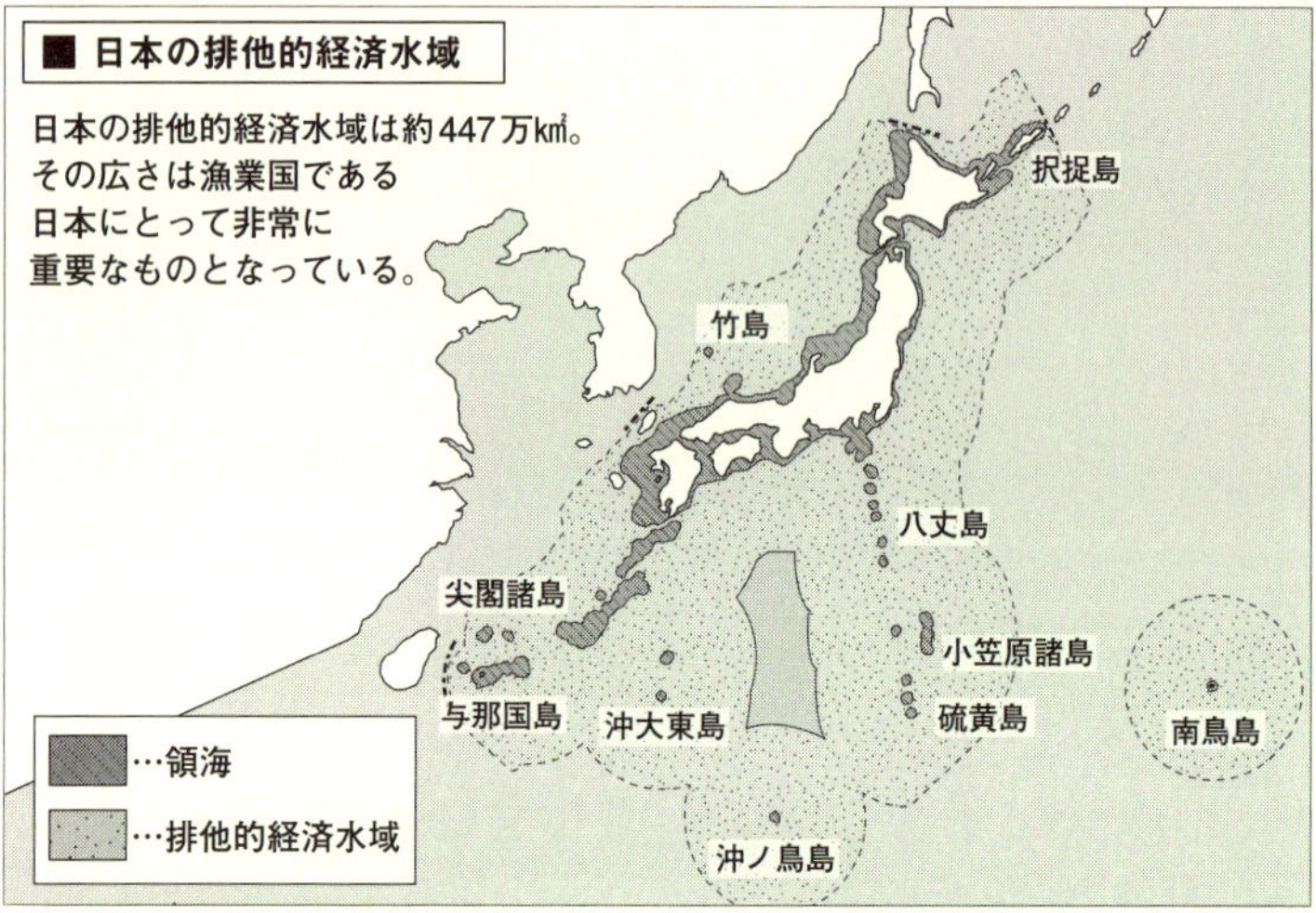

団を結成し、※明治丸に乗せて小笠原に派遣した。

明治丸とイギリス艦隊はほぼ同時に小笠原に向かったが、到着したのは明治丸が2日早かった。島に入った調査団は、島の住民を説得。交渉は成功を収め、島民たちは日本への帰属を全員了承した。

すでに島民への合意を取り付けていたため、遅れてきたイギリス側は異議を唱えなかった。そして明治9（1876）年、新政府は小笠原が日本領であることを世界に通知。もはや反対する国はなく、日本の領有を世界的に認めさせたのだ。

当時のアジア諸国では、イギリスから領土を分捕られた国はいくらでもあったのだが、イギリスから領土を分捕ったのは日本だけだといえる。

イギリスから見れば、本国から遠く離れた

※明治丸
明治7（1874）年に灯台巡視艦としてイギリスで建造された帆付汽船。灯台巡視艦としてだけでなく、お召し船などとしても活躍した後、商船学校（現在の東京海洋大学）に練習船として貸与された。昭和53（1978）年に国の重要文化財に指定され、東京海洋大学越中島キャンパスで保存されている。

小さな島を管理するのは大変である。しかも、これといった貴重な産物があるわけではない。だから、それほど固執しなかったのだろう。

それにしても、あのがめつい大英帝国の、しかも最盛期にである。西欧の強国でさえ、イギリスが出てくれば道を避けていたような時代に、よくぞ明治の日本人たちは、イギリスに立ち向かったものである。

この小笠原諸島があるために、日本の領海は大きく膨らんでいる。

もし小笠原諸島が日本の領土ではなく、三宅島あたりが日本の国境になっていれば、日本の領海は非常に狭いものになっていたはずだ。特に「排他的経済水域※」が認められるようになった昨今では、小笠原諸島の存在は、海洋開発などに大きな意味をもつ。

日本の最東端の南鳥島、最南端の沖ノ鳥島が、日本の領土だと認められているのも、小笠原諸島の存在があってこその話なのだ。

南鳥島、沖ノ鳥島は、日本の本土（本州）から、２０００キロ近く離れている。

もし中間点の小笠原諸島がなければ、南鳥島、沖ノ鳥島は日本からあまりに離れすぎているため日本の領土とは認められなかったかもしれない。

※排他的経済水域
領土の沿岸から200海里（370キロ）までの範囲で、資源の開発や管理などの経済的な活動が排他的にできる海域。領海（12海里）とは違い、他国の船舶は自由に航行でき、科学的な調査であれば沿岸国の同意を得てすることもできる。ちなみに、日本の領海と排他的経済水域を合わせると、世界第6位の広さがある。

4 明治にもあった北方領土問題

【幕末から続くロシアとの領土問題】

●明治の北方領土問題

幕末明治の日本にとって、頭が痛かったのが、北方領土問題だった。

北方領土を日本が領有しはじめたのは、江戸時代のころである。

天明5（1785）年には、最初の蝦夷《えぞ》地調査団が派遣され、寛政10（1798）年には、近藤重蔵※、最上徳内※が択捉島に渡り、「大日本恵登呂府《えとろふ》」の標柱を立てている。

文化5（1808）年には間宮林蔵※が2度、樺太《からふと》を探検している。2度目の探検の時には、樺太から海を渡って沿海州まで至り、樺太が島であること（大陸の一部ではないこと）を確認している。ちなみに間宮林蔵が渡った海を、現在は間宮海峡と呼んでいる。

しかし19世紀以降のロシアというのは、南下政策を取っており、北方領土にもその食指を動かそうとしていた。そのため、江戸時代後半から、ロシアと北方領土の日本人はたびたびトラブルを起こしている。

※近藤重蔵
（1771～1829）
幕臣、探検家。幕府に北方調査の意見書をだしそれが受け入れられて、都合4回北方領土探検をする。

※最上徳内［もがみ・とくない］
（1754～1836）
探検家。貧しい農家の出身ながら苦学し、幕府の蝦夷地探索に随行し、後に武士に取り立てられる。

実は江戸時代から、日本はロシアと接触し、国境問題に関して話し合いを持っている。

安政2（1855）年に締結された日露和親条約でも北方領土は議題に上っており、千島列島に関しては、ウルップ島以北をロシア領、択捉《えとろふ》島以南を日本領とした。が、この時、樺太については定義されなかった。

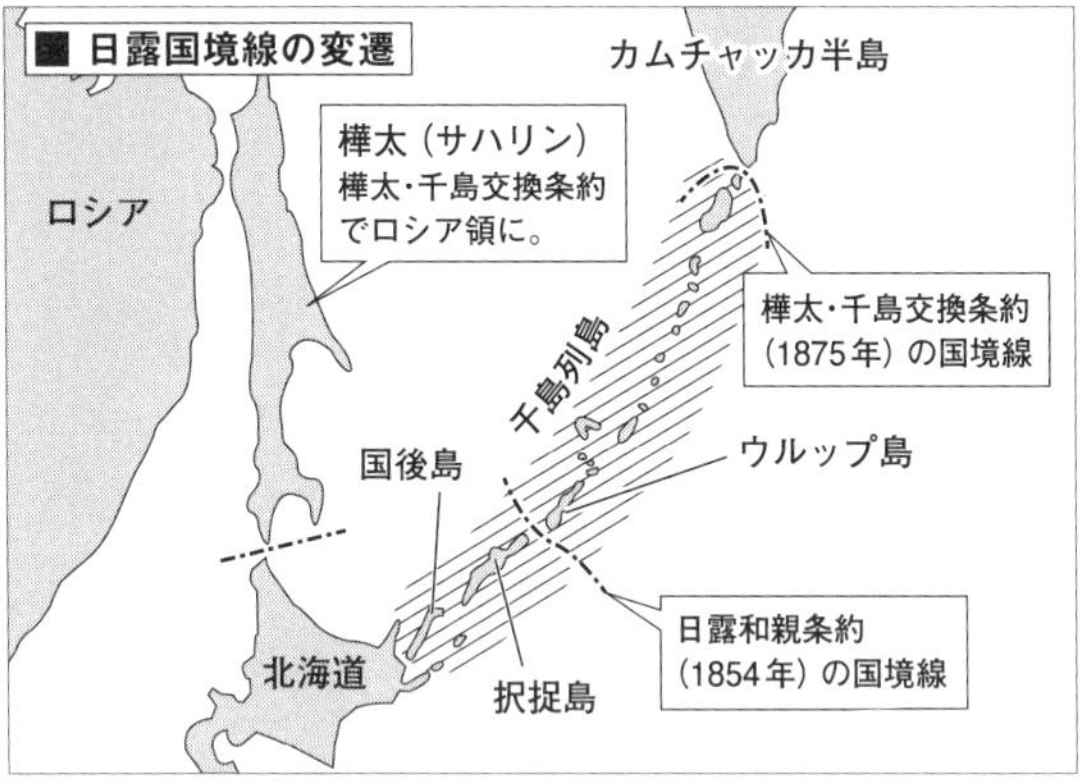

樺太・千島交換条約で日本は樺太を失う代わりに、千島列島全島を得た。

その後、文久元（1861）年、函館奉行の小出※秀実によって「樺太仮規則」というものが暫定的に締結された。これは樺太の国境を定めず、日露の共有地として管理するというもので、裁判も両国の裁判官によってなされることになっていた。

しかし、その後、ロシア側の植民が進み、ロシア人と日本人の衝突が頻発するようになる。

樺太は、日本にとっては厳寒の最北端であるのに対し、ロシアにとっては温暖な最南端である。ロシアから樺太への進出の勢いは、日本とは比べものにならない勢いがあった。ロシアはあっという間に、樺太を我が物顔に占有するようになってしまったのだ。

日本はその状況に圧倒されてしまう。

そして日本としては、樺太にこだわるより北海道

※間宮林蔵（1780～1844）
農家に生まれたが幕府の下役人に取り立てられ、伊能忠敬に測量を学ぶ。2度の蝦夷地探検を行い、樺太が島であることを確認した。アイヌ語もある程度理解できたという。

間宮林蔵

※小出秀実〔こいで・ほずみ〕（1834～1869）
江戸時代末期の旗本。小出家の養子に入り、家督を相続。函館奉行時にイギリスと交渉したことが評価され、外国奉行も兼任。慶応2（1866）年に樺太国境画定交渉の代表正使としてロシアへ派遣された。

の開拓をすすめるべし、という考えを持つようになる。

明治8（1875）年3月、日本の特命全権大使として榎本武揚がサンクトペテルブルクに赴いた。交渉は、榎本とロシア側全権※ゴルチャコフとの間で進められた。その結果、樺太・千島交換条約が締結された。樺太での日本の権益を放棄する代わりに、ウルップ島以北千島18島をロシアが日本に譲渡することになったのだ。

樺太が北海道に匹敵するような広大な島であるのに比べ、千島列島は、小島に過ぎない。したがって、この交換条約は日本にとっては大きな損だった。

しかし、当時の日本の国力では現実問題としてロシアの圧力を防ぎきれるものではなかった。全部取られるよりは、千島列島だけでもとっておけと、新政府は柔軟で現実的な対応をしたのである。

だが、明治の北方領土問題は結局、その後も続いていく。

日露戦争を優位に進めた日本は、戦争終盤で樺太を占領。ポーツマス講和会議で樺太の南半分を獲得した。

しかし、第二次大戦末期に、ソ連軍が樺太や千島列島に侵攻。択捉島、国後《くなしり》島、色丹《しこたん》島、歯《はば》舞《まい》群島のいわゆる「北方領土」の実効支配を続けている。現在も北方領土を巡る交渉が続けられているが、領土問題はそう簡単には終わらない。北方領土問題が解決するときはくるのだろうか。

※アレクサンドル・ゴルチャコフ（1798～1883）帝政ロシアの政治家、外交官。名門貴族に生まれ、外務省に入る。樺太・千島交換条約締結の際は、ロシアの外相を務めていた。

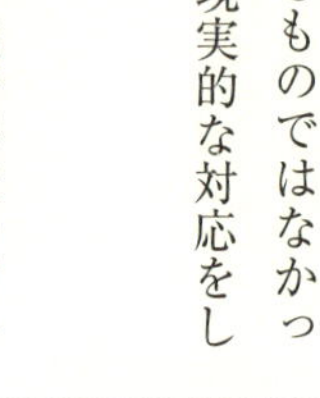

ゴルチャコフ

5

尖閣諸島をすばやく領有した
【領土に無頓着だった清、心を砕いた日本】

●尖閣諸島はいつ領有したのか？

中国は現在、尖閣諸島問題※で、「清朝の末期に日本がどさくさに紛れて分捕った」という批判をしている。

たしかにそういう面があったことは否めない。

しかし、それは言い方を変えれば、日本は早くから領土問題に関心を持ち、自国が領土問題で少しでも有利になるような対処をしていたということである。

それは「日本の国益」においては、非常に利していたといえる。

そもそも「国境」や「領有」ということが、うるさく言われるようになったのは、18世紀くらいからのことからなのである。それ以前は、国境、領有などについては、それほど厳密に決められていたわけではなかった。特にアジア地域においては、点在する小さな島々の領有を、うるさく主張するようなことはほとんどなかったのだ。

※尖閣諸島
尖閣諸島は、沖縄から西に400キロ離れた8つの小さな島で、第二次大戦後は、沖縄とともにアメリカに信託統治されていた。1972年の沖縄返還時に尖閣諸島も返還された。しかし1969年、国連の海洋調査で「近海に豊富な油田が存在する」と発表されると中国と台湾が領有権を主張し始め、領海侵犯などたびたびトラブルを起こしている。

清や韓国なども、自国周辺の小島の領有などに、それほど注意を払っていなかった。だから、清国などは、欧米から手当たり次第に領土を蹂躙されてきた。

ところが、日本は幕末から、「領土」「領有」ということに非常に強い関心を持っていた。欧米では、「領土」や「領有」という概念が非常に重要なことだということを、日本の知識層は知っていたのである。

世界中には、まだどこの国も領有していない島、地域がたくさんあり、それを領有すれば、領地が増えて資源開発などもできる。日本は海に囲まれているのだから、周辺の海域を探索し、無人島などの発見に努めるべき。そういう考え方が、幕末の知識層の間では広く普及していたのだ。

尖閣諸島の場合もそうである。

尖閣諸島は、もともと無人島だったのだが、明治17（１８８４）年、古賀辰四郎※という福岡の実業家が開拓した。そして１８９５年、尖閣諸島は正式に日本領土に編入する閣議決定がされた。以降、鰹節工場が作られるなどして、日本の領土として活用されていたのだ。

それ以前、尖閣諸島はどこの国にも明確に属してはいなかった。少なくとも近代的な国際法に照らし合わせて、領有権を主張できる国はなかったのである。

江戸時代の地理書「三国通覧図説」※には、尖閣諸島も載っているが、これには中国や台湾と同じ色で塗られている。現在の中国はこの「三国通覧図説」を根拠にして、尖閣諸島の領有権を主張している。が、この「三国通覧図説」もそれほど正確を期してつくられたものではなかっ

※古賀辰四郎
（１８５６〜１９１８）
茶の栽培をする筑後国（現福岡県）の農家に生まれる。24歳で沖縄に渡り、茶と海産物を扱う古賀商店を創業。明治17（１８８４）年に尖閣諸島の調査を行ったとされており、明治28（１８９５）年に尖閣諸島のうち、魚釣島、久場島、南小島、北小島の4島を明治政府から無償で30年間借り受け、開拓事業に従事した。

た。そもそも、江戸時代の日本や中国において、尖閣諸島がどこの領有かということは、あまり関心が持たれていなかったのだ。

しかし、日本は開国し、欧米と接触するとすぐに領土に関して、非常に心を砕くようになった。そして尖閣諸島も素早く領有したのである。

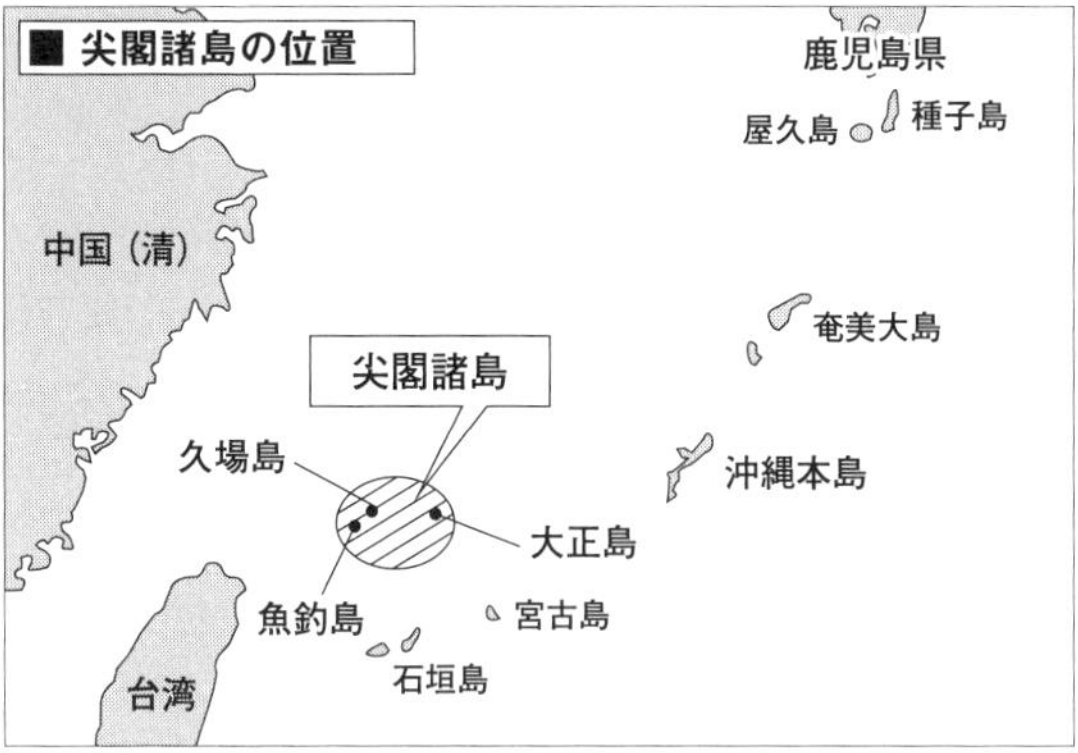

明治18年に領土に編入された尖閣諸島

清朝は領土問題に関して、手抜かりがあった。

この時期の清は、台湾領有に関しても、大チョンボをやらかしている。

明治4（1871）年、宮古島の年貢を乗せた御用船が遭難して台湾に漂着し、乗組員54人が台湾の先住民に殺害されるという事件※が起きた。日本政府は清朝に抗議をし、賠償を求めた。これに対して清朝政府は「台湾先住民は清朝の統治下ではないので、責任はとれない」と回答した。それを受けて日本は明治7（1874）年に、台湾に出兵したのである。

「台湾先住民は清朝の統治下ではないので、責任はとれない」

という清朝の回答は、近代国家としては常識的にあり得ないものである。「台湾は我々の領土ではない」

※三国通覧図説
日本、中国、韓国の三国の地理、風俗について記された書物。天明5（1785）年に刊行された。日本近海の島々についても記されており、尖閣諸島も載っている。

※宮古島島民遭難事件
明治4年、年貢を運ぶ宮古島の船が台湾近海で遭難。乗組員66人が台湾に上陸するも略奪に遭い、54人が先住民に首を切断されるなどして殺害された。

と言っているようなものだからだ。当時の日本は、まだ軍事力が整っていなかったので、このときの台湾出兵では台湾の占領はできなかった。が、隙を見て、欧米列強が台湾を占領する恐れは十分にあったといえる。

台湾は※日清戦争後に日本に奪われたのだが、当時の清朝ならば、日清戦争が起きなくても、台湾はどこかの国に領有されたかもしれない。

ところで、筆者は現在の尖閣諸島問題と、当時の尖閣諸島問題をごっちゃにするつもりはない。当時の日本政府が手際よく尖閣諸島を領有したからといっても、現在の尖閣諸島はまた別の問題があるからだ。

そもそも領土問題というのは、理屈で解決できたことはあまりない。領土問題は、国同士の力関係、国際情勢などに左右されるものである。

「尖閣諸島は、国際法上日本のもの」

ということで、日本が安心しきることはできない、ということである。

領土問題は理屈をこねるだけでは解決しないし、非現実的な強硬路線を貫くだけでも解決しない。幕末明治の指導者のような、冷静な現実感覚と、的確な行動と、粘り強い交渉が必要なのである。

※日清戦争後に日本に奪われた
日清戦争の戦後処理について定めた下関条約で、台湾は大日本帝国に割譲されることになった。その直後には、日本への割譲に反対する人々が台湾民主国の建国を宣言するも、日本軍がそれを制圧。翌年には台湾総督府を中心とした日本の統治体制が確立した。

6 沖縄もすばやく領土に組み込んだ

【日本と清、〝二重属国〟状態にあった琉球藩】

●沖縄は日本の領土ではなかった？

昨今の尖閣諸島の問題において、中国の一部メディアなどは「沖縄も本当は中国領だったのを日本が分捕った」という主張をすることもある。これを聞いて日本人の多くは、何を血迷ったことを言っているのか、と感じたことだろう。

現在、沖縄は国際法で認められた紛れもない日本の領土であり、実効支配をしているどころか沖縄は日本の本体の一部ともいえる。沖縄県民だってもし中国領に組み込まれるとなれば、必死に抵抗するはずだ。

しかし沖縄という地域は、実は明治以降すんなり日本が領有できたものではない。日本の領土として確定するまでは、一悶着も二悶着もあったのである。

というのも、江戸時代の沖縄は、国の領有関係があいまいな地域だった。江戸時代には、沖縄は清の領有とも、日本の領有とも確定していなかったといえる。江戸時代には日本と清の間

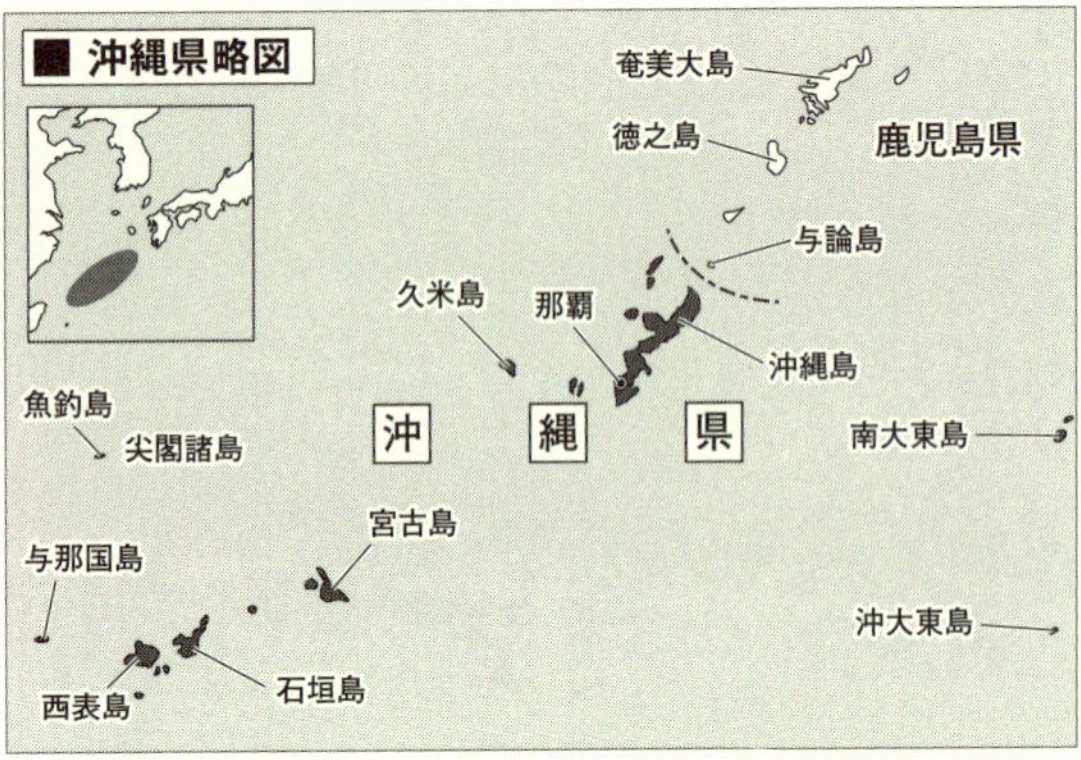

沖縄県略図。魚釣島をはじめとする尖閣諸島も沖縄県石垣市に所属。

には、そういう地域や島は多かったのだ。

日本と、清、韓国とは古くから交流はあった。が、近代的な意味での「国交」が始まったのは、明治維新以降、明治4（1871）年の日清修好条規※を締結してからのことである。

しかし、近代的な意味での国交を結ぶと、清との間で新たな問題も生じてきた。

それが領土問題であり、その最たるものが沖縄だったのだ。

●琉球を巡る日清の争い

明治以前の琉球は日本と清に対して、両方に従属的な関係を持っていた。どちらに対しても、臣下の礼をとりながら、完全な属国ではない、というような曖昧な関係であった。

琉球は慶長14（1609）年、薩摩藩によって制圧され、日本では薩摩藩の管轄下の領土という扱いになっていた。が、琉球はその一方で、清に対しても朝貢※を行っていた。江戸時代の琉球は〝二重属国〟のような状態だったのである。

※日清修好条規
当時の欧米との間で結ばれた不平等条約ではなく、日本と清が対等な関係で結ばれた。

※朝貢（ちょうこう）
周辺国の君主が中国の皇帝に対して貢物を捧げ、中国の皇帝はそれに対して恩寵を与えるという形をとる貿易体系。古代から、中国は周辺国に対して、この朝貢を行ってきた。

明治5年、日本は、その曖昧な関係をはっきりさせるべく、琉球を日本の一部に組み込み、「琉球藩」※とした。琉球の各国との条約は外務省が管轄することとされ、琉球は日本の属国とされたのだ。

これに対して、清は日本に抗議をしなかった。当時の琉球は、清に対してまだ朝貢を行っていたからだ。

しかし、宮古島島民遭難事件（79ページ）をきっかけに、新政府は琉球に対して清への朝貢をやめさせる。すると、琉球がそれを清に訴えて出た。そのため、日本と清の関係は急速に冷え込み、「琉球」が日清の領土問題としてクローズアップされることになったのだ。

琉球の反抗に対して、日本は武力で応じた。明治12（1879）年、内務大書記官松田道之が陸軍二個中隊を率いて琉球に上陸、たちまち首里城を占領した。そして琉球藩を廃止し、沖縄県とした。この時点で、完全に日本の領土の一部にしたのである。

もちろん、清は日本の行動に対して抗議を行った。

が、同時期に日本は韓国をも無理やり開国させ、影響力を及ぼそうとしていた。結局、韓国問題を優先するうちに琉球問題は次第にうやむやになり、日本の領土ということが既成事実化していったのだ。

これを見ても、明治日本は領土問題に非常に敏感で、素早く的確な行動をとっていたということがわかる。今の日本の領土は、先人の努力によって確保されてきたものなのである。

※琉球藩
琉球王の尚泰王を藩主として任命し、琉球を日本の藩のひとつにしたのだ。

7

【近代化を拒み、頑なに鎖国をし続けた韓国】
韓国はなぜ失敗したのか？

大日本帝国が、「欧米の侵略を防ぐ」というプロジェクトにおいていかに秀でていたかは、当時の韓国（朝鮮）と比較してみれば、非常にわかりやすい。

19世紀の後半の韓国というのは、日本と非常に似たような境遇にあった。

当時の韓国は、清との朝貢関係を持ってはいたが、一応、ひとつの国としては成立していた。また日本と同じように欧米諸国との関係は結ばず、鎖国の状態となっていた。そして、清がアヘン戦争で敗れたことによって、欧米の脅威が一挙に襲いかかってきたのだ。

しかし、欧米に対する対処の方法は、日本とはまったく異なっていた。

韓国では1866年、アメリカの商船ゼネラル・シャーマン号が大同江《だいどうこう》をさかのぼって平壌《ピョンヤン》に侵入し通商を求めた。韓国側が拒絶するとゼネラル・シャーマン号は砲撃を開始し、戦闘になった。ゼネラル・シャーマン号が浅瀬に乗り上げたのを機に、韓国側は火薬を積んだ小舟を追突させた。ゼネラル・シャーマン号は炎上、沈没し、乗組員はことごとく殺された。

その翌年には、※フランス軍が7隻の軍艦で江華島《カンファとう》に上陸。韓国の李朝政府は猟師による500名の銃撃隊を組織して抵抗し、フランス軍は30名の死傷者を出して撤退した。韓国は戦闘後も欧米と講和を結ばず、鎖国を貫き通した。韓国としては「これでいける」と踏んだわけだ。

しかし、これは大きな勘違いだった。

欧米各国としては、力ずくで韓国を開国させることはできる。が、極東まで大規模な軍を派遣するほど、韓国との通商に魅力を感じなかったため、あえてそれをしなかっただけなのだ。

だが、欧米列強が世界中で勢力争いを繰り広げていた19世紀において、そうそう韓国だけが鎖国を貫き通せるわけはない。結局は、明治9（1876）年、日本の砲艦外交により、無理やり開国させられたのである。

当時、韓国と明治新政府との間ではまだ国交が樹立されていなかった。韓国は江戸時代、幕府とは関係を持っていたが、明治新政府の存在は認めなかった。新政府は、明治元年12月、韓国に使者を派遣し、国交の樹立を呼びかけたが韓国側が拒否したのである。

韓国の李朝政府は、日本の洋化政策を快く思っていなかった。

当時の韓国は、欧米諸国との間で摩擦が生じていた。だから、いち早く開国し欧米化していく日本には、強い警戒感を持っていた。そして※明治新政府の文書に誤りがあるとして、国交樹立のための交渉に応じようとしなかったのだ。

紆余曲折を経て、日本は結局、韓国に兵を差し向けることになる。

※フランス軍が7隻の軍艦で江華島に上陸
フランス軍侵攻のきっかけは朝鮮でフランス人宣教師が処刑されたことだった。

朝鮮沿岸部を攻撃するフランス軍

※明治新政府の文書に誤りがあるとして
韓国の李朝政府は、明治政府がよこした国書の中に、「皇」と「勅」という字が使われておりこの二文字は清の皇帝だけが使うものである、として受け取りを拒否したのだ。

明治8年、未だに開国をしていなかった韓国に対し、日本は軍艦3隻を派遣する。軍艦3隻のうち、雲揚《うんよう》号は9月20日、江華島の砲台と交戦。翌日、陸戦隊を上陸させ軍民を殺傷、城塞に火を放った。

この事件を口実にして、日本は黒田清隆を全権大使として韓国に派遣し、開国を迫った。翌年2月26日、韓国は日本の要求をのみ、日朝修好条規※に調印した。

この日朝修好条規は、韓国での日本人に対する裁判権を認めないなど、不平等条約だった。日本は、ペリー来航時に欧米からされたことをそのまま韓国にしたわけである。

韓国の李朝政権は、アヘン戦争以降の世界情勢を大きく見誤ったわけであり、それが結局、日本への併合、国家の消滅という屈辱につながっていくのだ。

筆者は、「日本の韓国併合が正しかった」などというつもりはない。その辺の解釈は本書の趣旨ではないし、正しいかどうかなどは、各人の主観によって決められるものなので論じても意味はないと思っている。だが、当時の「世界情勢の認識とその対応力」という点において、どちらが優れているかを問うた場合、圧倒的に日本が優れていたということは間違いない。

また注意していただきたいのは、筆者はこの項において、日韓の普遍的な優劣論を述べたつもりはないということである。この項で述べていることは、単に19世紀後半における国の処し方が、日本の方が上だったと言っているだけである。

そして当然のことながら、当時の日本の処し方が優れていたからといって現代もそうとは限らない。むしろ筆者としては、現代日本は大丈夫か？　という意味を込めているつもりである。

※日朝修好条規
この日朝修好条規には、「朝鮮は自主の国」と明記されていた。これは、朝鮮を清の支配から切り離すための布石だった。

第三章

安くて強い軍をつくれ！

1
【費用対効果が悪かった旧軍を解体した】
明治維新は軍制改革だった

●アメリカ軍の10倍以上の費用対効果があった日本軍

大日本帝国は、わずかな期間で強力な軍事力を持った。その陰には血の滲むような努力と工夫があった。

強い軍を作るためには資金がいる。しかし、明治の日本にはその資金がなかった。資金だけではない。「資源がない」「経済力がない」「科学技術が遅れている」という三重苦を背負っていたのだ。

しかし、大日本帝国はこれらの制約をクリアし、安くて強い軍を作り上げていった。経済効率から見た日本軍の強さは、世界一だったと言える。

たとえば、太平洋戦争での日米両軍の戦力を比較してみる。もちろん、数の上ではアメリカが圧倒している。しかし、経済効率から見れば、それは逆になるのだ。

アメリカは世界一の資源大国であり、世界一の経済力もあった。そういう国が強い軍隊を持つことができるのは当たり前である。太平洋戦争では日本は500億ドル、アメリカは3000億ドルの軍費を使ったとされている。アメリカは日本の6倍以上の軍費を使っているのである。これでは、アメリカが勝って当然といえるのだ。

少ない資源、豊かではない経済力の中で、いかに強い軍隊を作るか、つまり、経済効率から見た軍の強さを比較した場合、日本の方が相当に優秀だったといえる。

史上まれに見る激戦となった硫黄島の戦い。圧倒的な兵力を誇る米軍を相手に、日本軍は死力を尽くして戦った。

たとえば、太平洋戦争での「硫黄島の戦い」※では、日本軍よりアメリカ軍の方が死傷者が多かった。

この戦いでは、日本軍約2万の兵力に対し、アメリカ軍は約11万人の兵を投入した。アメリカ軍には航空機による空爆や艦船からの艦砲射撃といった強力な援護もあったが、日本軍は砲弾、銃弾さえ不足していた。それでも損害はアメリカ軍の方が大きかったのだ。

費用対効果で見るならば、日本軍はアメリカの数十倍あったと考えられる。

大日本帝国は一体どのようにして経済効率がよく、強い軍をつくったのだろうか。

※硫黄島の戦い
昭和20（1945）年2月から3月の間に行なわれた硫黄島を巡る攻防戦。日本軍2万人の守備隊に対し、アメリカ軍は11万を投入。圧倒的な重装備を持つアメリカ軍に対し、日本守備隊は島内に坑道を巡らせるなど、徹底的な持久ゲリラ作戦をとった。日本守備隊はそのほとんどが戦死したが、アメリカ軍も戦死者約7000人、戦傷者約2万2000人を出した。

●明治日本の軍制改革

大日本帝国が安い軍を作るために、まず行ったのが「軍制改革」だった。

江戸時代までの日本の軍隊というのは「武士団」※である。

しかし、武士団では欧米諸国の軍隊には太刀打ちできない。しかも、武士団というのは、多くの俸禄をとっていた。武士団は経費がかかる上に、あまり役に立たない軍隊だったのだ。

そこで新政府はこの武士団を解体しようと考えた。

しかし、古くから国家にとって「軍の改革」というのは、非常に難しいものである。軍を改革しようとすると、どうしても内部から反対する者が出てくる。しかも彼らは武力を持っている。改革をしようとすれば、内乱になる恐れがあった。

実際に、大日本帝国もその経験をした。

佐賀の乱※、萩の乱※、西南戦争※などは、本質的には軍制改革に対する武士たちの反乱である。

大日本帝国は、この反乱を最小限に食い止め、軍制改革を成功させたのだ。

それが、日本が強力な軍を安価で持てるようになった最大の要因だといえる。

軍制改革をするにあたって、困難を極めたのが「武士の秩禄」の問題である。

新政府がなぜ武士団を解体したのかというと、最大の理由は武士に対する秩禄を廃止したかったからである。

しかし、それは武士が数百年にわたって持っていた特権をはく奪するということである。武士たちはその特権をはく奪されるということは、生活の糧を失うということと同じだった。

※武士団
江戸時代の各藩は武士で組織された独自の軍隊を持っていた。薩摩藩や長州藩などの有力藩は軍艦を購入し、洋式の武器を導入するなどしていたため、その戦力はあなどれないものがあった。

※佐賀の乱
明治7（1874）年に佐賀県で起きた士族叛乱。征韓論に敗れ、下野した江藤新八が不平士族1万2000を率いて蜂起した。戦いは官軍の勝利に終わり、江藤は死刑に処された。

江藤新八

※萩の乱
明治9（1876）年に山口県萩で勃発した士族叛

江戸時代、武士は将軍や大名から俸禄をもらうことで生活を成り立たせていた。

武士がもらっていた俸禄は、江戸時代の270年にわたって綿々と続いてきた「既得権益」である。武士にとって俸禄をもらうことは当たり前のことであり、俸禄をもらうために先祖代々将軍や藩主に忠誠を尽くしてきたのである。その権利を簡単に手放せるものではない。

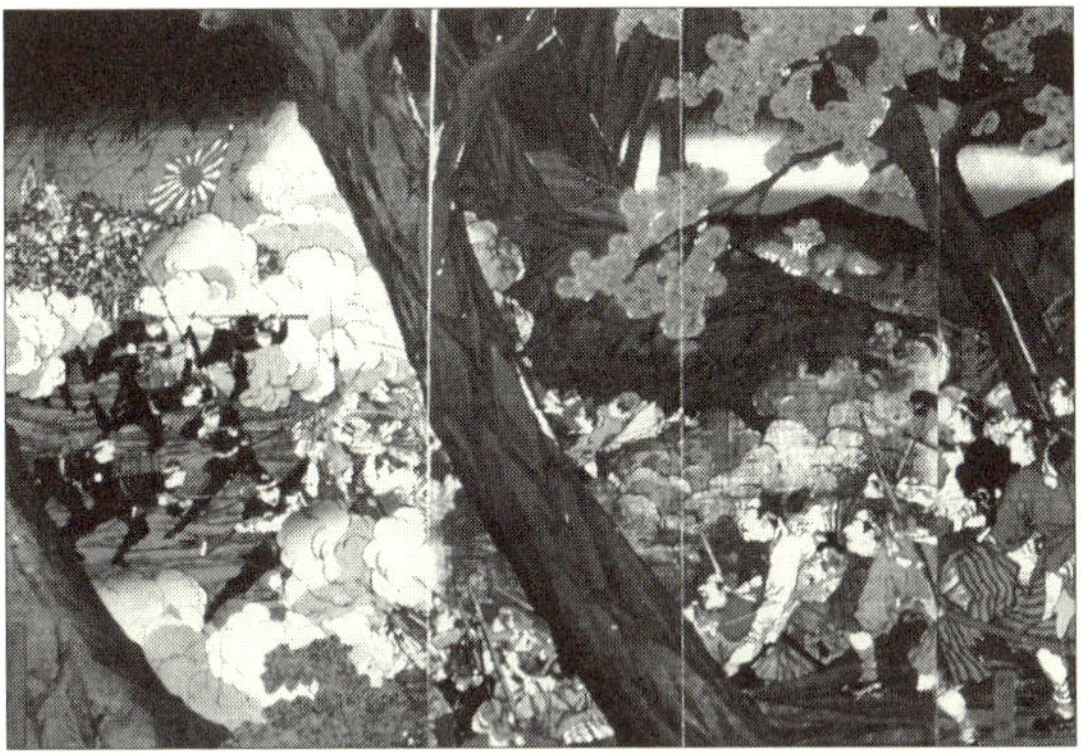
西南戦争、田原の戦い。庶民から徴兵した政府軍が幕末最強と称された薩摩軍を破ったこの戦いは、明治の軍政改革を象徴するものだった。

この秩禄は財政支出の3割にも上っており、明治政府にとって大きな負担になっていた。

明治新政府は、きちんと教育を受けた近代的な軍隊、近代的な官僚組織を作ろうとしていた。一刻も早く、近代国家としてのインフラを整えたい明治政府にとって、秩禄というものは大きな障害となった。そのため、タイミングを見計らって秩禄の廃止を行うことにしたのだ。

●費用対効果が悪すぎる旧軍（武士団）を解体

明治政府は段階的に秩禄を縮小し始めた。

まず第一段階として、明治維新早々に大幅に支給額が削減された。上級武士ならば7割程度、中下級武士も3割から5割程度にまで減額されていたの

乱。徴兵令に反対し、下野した前原一誠が、不平士族200名を率いて武装蜂起。即座に鎮圧され、前原は斬首に処された。

前原一誠

※西南戦争
明治10（1877）年に勃発した最大の不平士族の叛乱。征韓論に敗れて下野した西郷隆盛が薩摩に戻り開いていた私学校の生徒が中心となり、西郷隆盛を中心に政府打倒を目指して武装蜂起。その数は3万人にも及んだ。現在の鹿児島県や熊本県で激闘を繰り広げたが、徴兵を主体とする政府軍が勝利。この戦いによって、武士の時代に幕が下ろされた。

だ。

そして、明治9（1876）年、明治新政府は秩禄を廃止し、金禄公債を武士に配布することにした。金禄公債とは、武士に対する退職金（もしくは手切れ金）のようなもので、秩禄を廃止する代わりに少しまとまった金（俸禄の5年〜14年分）を与えたわけである。

しかし、新政府は財政が苦しく、現金では支給できずに、公債という形で支給した。公債なので、利子が支払われる。利子は220石以上の上級武士が5％、22石から220石の中級武士が6％、22石以下の下級武士が7％だった。つまりは「今後は、もう金は払わないので、その利子で食っていきなさい」ということである。新政府にとっては、この金禄公債はかなり大きな負担になったが、秩禄を廃止するためには仕方がなかった。

この金禄公債をもらった武士には、毎年、利子が入ってくる。しかしその利子は、以前の俸禄と比べれば、もちろん非常に低い。中下級武士が毎年受け取る利子は、平均で年29円5銭※だった。1日あたりにするとわずか8銭であり、大工の手間賃45銭には遠く及ばなかった。

そのため大部分の武士は、利子だけでは生活できず、他の収入の途を求めなければならなかった。金禄公債を売って慣れない商売をはじめ元も子もなくしてしまう、という武士も大勢いた。いわゆる「武家の商法」である。彼らが始めた商売でもっとも多かったのは、汁粉屋、団子屋、炭薪屋、古道具屋などだった。もちろん、ほとんどがうまく行かず、1年保つ者はまれだったという※。

武士の多くは、新しい政府での官職を求めようとした。しかし何らかの能力がなければ到底、

※年29年5銭
ここでいう中下級武士とは、22石未満の武士のこと。石井寛治編『日本経済史』（東京大学出版会）より。

※武士の商売について
柴田宵曲編『幕末の武家』（青蛙選書）より。

官職にはつけなかった。明治14年の帝国年鑑によると、旧武士のうち、明治政府で官職にありつけたものは全体の16％に過ぎないという。※

武士階級にとって凄まじい痛手となった秩禄奉還であったが、庶民は歓迎していた。武士以外の人々にとって、武士であるだけでもらえる秩禄というのは、不愉快なものなので、当然といえば当然である。旧武士たちもその点はわきまえていたようで、ほとんどの者は仕方ないと諦めていたようである。

西南戦争での政府軍の将校

●徴兵制とは安く大量の兵を集めること

日本が素早く強力な軍を持つことができた理由の一つに「徴兵制」がある。

新政府は、明治4（1871）年4月、薩摩藩、長州藩、土佐藩から主力軍隊を供出させ、アジア初の国軍を組織した。※

明治6（1873）年、徴兵令が布告され、日本に国民皆兵制が導入された。

徴兵制というのは、国民に兵役の義務を課し、国民を自動的に軍隊に組みこむという制度である。

※全体の16％に過ぎない
園田英弘『西洋化の構造』（思文閣出版）より。

※アジア初の国軍
この時、供出されたのは薩摩藩から歩兵4大隊、砲兵2隊、長州藩から歩兵3大隊、土佐藩から歩兵2大隊、騎兵2小隊、砲兵2隊の総勢1万。当時のアジアは各地に軍閥が乱立している状態で、大日本帝国軍のような国家直属の近代的な軍隊を保持している国はなかった。清も同様で、日清戦争時に日本軍と戦ったのは、各地の軍閥の私兵だった。

■ **日本軍の兵数の推移（※）**　（単位：人）

年	陸軍	海軍	合計
1871（明治4）年	14,841	1798	16,639
1885（明治18）年	54,124	11,399	65,523
1894（明治27）年 —日清戦争開戦	123,000	15,091	138,091
1904（明治37）年 —日露開戦	900,000	40,777	940,777
1912（大正元）年	227,861	59,777	287,638
1926（昭和元）年	212,745	83,492	296,237
1931（昭和6）年 —満州事変	233,365	87,968	321,333
1941（昭和16）年 —太平洋戦争開戦	2,100,000	320,000	2,420,000
1945（昭和20）年 —終戦	6,400,000	1,863,000	8,263,000

近代的な徴兵制度は、19世紀のプロシア※（ドイツ）から始まったとされている。近代的な徴兵制をいち早く取り入れたプロシアは、1870年の普仏戦争で宿敵フランスを破り、ヨーロッパの強国の仲間入りを果たした。

それ以前の軍隊は傭兵制が主体だった。傭兵制というのは、職業軍人だけで作られた軍隊である。日本も、戦国時代の兵農分離以来、武士という職業軍人が戦争に関しては一手に引き受けることになっていた。

一方、徴兵制というのは、原則として国民全部に兵役の義務を課すというものである。当然のことながら徴兵制の方が、兵の動員力は大きくなる。

徴兵制の最大のメリットというのは、「財政負担が少なくて済む」ということだ。傭兵制は、兵を雇うために相当の費用が必

※プロシア（ドイツ）から始まった
プロシアは、欧州の中でいち早く徴兵制度を確立し、新興国ながら1870年にはフランスとの戦争（普仏戦争）で圧勝した。それ以来、ヨーロッパ各国はこぞって徴兵制度を取り入れることになった。

※図表の出典
厚生省引揚援護局調（山田朗『軍備拡張の近代史』吉川弘文館より筆者が抜粋）。

要となる。徴兵の場合も国家から手当が支払われるが、傭兵に比べればはるかに安価で済むのである。

しかも傭兵の場合は、強い軍隊を持とうと思えば、恒常的に兵を雇っておかなければならないので、その費用は非常に高くつく。

しかし、徴兵制の場合は一定の人数に訓練だけを施しておいて、有事になれば招集するということができる。いうなれば傭兵が「正規雇用」なのに対し、徴兵制は「臨時雇用」である。雇う側としては、「臨時雇用」の方が使いやすくて安くつくのだ。

ただし徴兵制を敷く場合は、国民の理解を得なければならない。これが実は大変なことなのである。

現在でも、徴兵制を敷くには、国民が国防に関する高い意識を持っていなくてはならない。国家が強権的に徴兵制を敷くということはなかなかできないのだ。現在、徴兵制を敷いている国というのはイスラエル、韓国など身近に戦争の脅威がある国々ばかりである。

大日本帝国でも徴兵制はすんなり導入できたわけではない。

武士や農民、町人など社会のあらゆる階層が反発した。前述のように、武士団は各地で乱を起こし、百姓、町人も各地で一揆を起こして抵抗した。徴兵制度を最初に取り入れようとした長州藩の大村益次郎は、明治2（1869）年、旧武士により暗殺されてもいる。

このように、当初は国民の反発が強かった徴兵制度だが、中国、朝鮮などの緊迫した世界情勢が国民に知れ渡るとともに徐々に浸透していくことになった。※

※大日本帝国の徴兵制の変遷
明治6（1873）年の徴兵令で、対象となったのは満20歳以上の男子。徴兵検査に合格した者から抽選で選ばれる仕組みだったが、「一家の主」や「家の跡継ぎ」「代人料（当時の金額で270円）を支払った者」、「役人や兵学寮、官立学校の生徒」などは兵役を免除されたため、実際に徴兵されたのはほんの数%だったとされる。
しかし、その基準は時局の移り変わりとともに厳しくなり、太平洋戦争期の昭和18（1943）年には徴兵の対象が満17歳以上に引き下げられ、学生も戦場に駆り出されることになった。
日中戦争が勃発した昭和12年、当時は徴兵検査を受けた者のうち25%が実際に徴兵されていたが、日本軍の旗色が悪くなった昭和19年には77%に、終戦間際の昭和20年には90%にも達していた。

2
少ない費用で軍を効率良く強化した
【国民の税金も決して高くはなかった大日本帝国】

●実はそれほど高くなかった軍事費

さきほどの項目では、日本軍は経済効率が非常にいい軍隊だった、ということを述べた。

しかし、大日本帝国は軍国主義であり、国家歳入の大部分を軍事費に使っていたイメージもある。実際はどうだったのだろうか。

左ページの表は、大日本帝国の軍事費をまとめたものである。これを見ればわかるが、戦争をしていない時期の軍事費は、おおむね30％前後だった。

もちろん、現代の国家予算から見れば異常な割合である。しかし、当時の欧米諸国と比べるととりわけ高いというわけではなかった。たとえば、イギリスは第一次大戦までの10年間（1905〜1914年）には、平均して国家予算の41％を軍事費に投入していたのだ。

また、政府が国民に重税を課し、無理やり軍費を集めていたのか、というとそうでもない。

戦前の日本というのは、税金はそれほど高くなかった。農民の地租が江戸時代から比べてかなり減税されていたことはすでに述べたが、農民以外の庶民の税金も同じだった。いや、むしろ、庶民には「直接税」がほとんど課せられていなかったのだ。

現在、我々の給料や所得には所得税や住民税といった税金が課されているが、戦前は所得税を支払ったのは一部の高額納税者だけだった。サラリーマンや職人、使用人の賃金に税金が課せられるようになったのは、第二次大戦直前の臨時特別税[※]からなのである。

では、大日本帝国はどうやって税を徴収していたかというと、当時の税収の柱を占めていたのは、酒税や高額所得者に課せられていた所得税だった。特に酒税の割合は非常に大きく、それだけで軍費をまかなえるほどだった。

高額所得者に課せられていた所得税も、太平洋戦争前までは一律8％であり、累進課税[※]ではなかった。現代は、低所得者でも住民税10％が課せられているので、それよりも安かったといえる。また法人税という概念はなく、企業も個人と同じように8％の所得税が課せられていた

■ 軍事費の推移～明治から大正まで（※）

	軍事費（千円）	歳出に対する割合	GNP比
1868（明治元）年	4546	14.9%	−
1871（明治４）年	3348	17.4%	−
1877（明治10）年 ―西南戦争	9203	19.0%	−
1887（明治20）年	22,237	28.0%	2.72%
1894（明治27）年 ―日清戦争開戦	128,427	69.3%	9.60%
1900（明治33）年	133,174	45.5%	5.52%
1904（明治37）年 ―日露開戦	672,960	81.85%	22.22%
1912（大正元）年	199,611	33.63%	4.18%
1919（大正８）年 ―シベリア出兵２年目	856,303	64.9%	5.54%

※臨時特別税
昭和15（1940）年、戦費調達のため勤労所得者（サラリーマン）に対して、所得税が課せられ、源泉徴収されることになった。

※図表の出典
山田朗『軍備拡張の近代史』（吉川弘文館）

※累進課税
所得が多い人ほど税率が高くなる制度。現在の日本の所得税では累進課税が敷かれている。

■ 軍事費の推移〜昭和から終戦まで（※）

	軍事費（千円）	歳出に対する割合	GNP比
1926（昭和元）年	437,111	27.7%	2.74%
1931（昭和6）年 —満州事変	461,298	31.2%	3.47%
1932（昭和7）年	701,539	36.0%	5.14%
1937（昭和12）年 —日中戦争開始	3,277,937	69.1%	4.36%
1938（昭和13）年	5,962,749	76.8%	22.59%
1941（昭和16）年 —太平洋戦争開戦	12,503,424	75.6%	27.85%
1944（昭和19）年	73,514,674	85.3%	98.67%
1945（昭和20）年 —終戦	17,087,683	45.0%	－

だけであった。つまり、大日本帝国はそれほど国民に負担を強いることなく、強い軍を作っていたと言えるのだ。

●酒税で賄われた日本軍

軍事費について、もう少し詳しく説明しておこう。

すでに述べたように、大日本帝国は軍事費確保のために地租や所得税を増税することはあまりしなかった。

日本が大規模な軍備増強に取り組み始めたのは、日清戦争の12年前、明治15（1882）年の壬午※事変がきっかけである。だが、その時の税収は、おもに酒税の増税でまかなわれたものだった。

明治11（1878）年の酒税は一石1円だったが、明治13年には一石2円に、明治15年には一石4円に引き上げている。一石というのは、一升びん100本分のことである。明治15年当時の酒の値段は、一石20円前後だったので、酒代の20%が税金だったのだ。しかし、この税率は現在の※ビールに課せられている酒税よりも低い。

※図表の出典
山田朗『軍備拡張の近代史』（吉川弘文館）より。

※壬午事変
111ページ参照。

この明治15年の増税で、年600万円以上の増収となった。

明治15年から日清戦争までの陸軍の増強費が年400万円程度、海軍の増強費が年300万円程度だったので、軍事費の増加分はほぼこの酒税増税で収まった計算になる。

そして明治27（1894）年、日清戦争が勃発する。しかし、戦争が始まっても特に増税は行わなかった。日清戦争を事実上、酒税だけで戦い抜いたわけだ。

その後も、大日本帝国の軍隊は酒税によって支えられた。

たとえば大正時代、秋田の大曲税務署が出した密造酒に関する警告書には次のように記されている。

「わが国では20個師団の兵を備え置くには1年に8000万円を要し、60万トンの海軍を保つには1年5000万円を要すから、結局酒税1億円と砂糖税3200万円だけあれば、陸海軍を備え置いてあまりあるわけである」

大正時代当時の酒税は1億円あり、これだけで、陸軍、海軍の年間費用がほぼ賄えたというわけである。戦前の日本の軍備は世界的に見ても相当なもの

明治時代のビール工場（サッポロビール）。明治初頭には早くもビール醸造が開始されており、庶民に好んで飲まれていた。（※）

※ビールに課せられている酒税
現在のビールに課せられている酒税は、350ミリリットルあたり77円。同量の缶ビールが210円くらいなので、酒税を抜けば、ビールそのものの価格は133円ということになる。つまり、現在のビールには50％以上もの酒税が課せられているのだ。

※画像の出典
『1億人の昭和史14』（毎日新聞社）より。

だったが、それを賄えるほどの税収を酒税は稼いでいたのだ。

酒税というのは、酒を買ったときに課せられる税金であり、庶民が日常的に払わなければならない税金ではない。酒は当時としてはぜいたく品であったため、酒を飲まなければ税金は払わずに済む。

また当時、庶民の間では自分で酒を造る者も少なくなかった。特に農村部では当たり前のように酒が密造されていた※。政府が税増収のために一般家庭での酒造を禁止したのは、日露戦争を控えて軍備の拡張を進めていた明治31年になってのことだった。こうしたなんとも穏やかな税制で大日本帝国の軍隊は支えられていたのだ。

●なぜ少ない費用で強い軍をつくることができたのか？

大日本帝国のＧＤＰは欧米列強に遠く及ばず、国民の税負担も決して重いものではなかった。これはつまり、大日本帝国が少ない軍事費で軍隊を強くしていたということになる。

では、なぜ大日本帝国にはそれができたのか。

そのひとつの要因として挙げられるのが、「汚職の少なさ」であろう。

当時のアジア諸国では汚職は当たり前のことであり、それが国家の発展を阻害していた。

たとえば、清朝では１９００年に歳入が1億両あったが、役人の不法徴収もそれと同じ程度の1億両あったといわれている※。つまり、国民は2億両の税金を納めていたのに、国の財政では1億両しか使われていなかったのである。

※酒が密造されていた　明治31年に禁止されるまでは、酒税さえ納めれば酒を家庭で作ることができた。しかし、わざわざ告白するわけはなく、その多くは脱税状態になっていた。

※1億両の不法徴収　19世紀末のイギリスの上海総領事は、正規の租税以外に州県官が私腹を肥やす銀が6000両に上ると見ていた。また中国の海関総税務司となっていたイギリス人Ｒ・ハートは、1900年の歳入1億両に対し、官吏の不法徴収や運送費は1億両を下らないと見積もっていた。

清朝末期、清は欧米列強から多額の借款をしていたため、関税を担保にとられており、関税徴収権を外国人に握られていた。しかし、清朝政府はかえってその制度を良しとしていたという。なぜなら、外国人は借款の返済金や必要経費を差し引いた残額を、きっちり中央政府に支払ってくれたからだ※。

西太后が建設に多額の費用をつぎ込んだとされる頤和園（いわえん、1900年頃の写真）。現存しており、ユネスコ世界遺産に登録されている。

清のこの汚職体質は、軍事の分野でも顔を出していた。清の軍事予算は莫大な額があったが、その多くは汚職のために消えていた。１８８５年から海軍創設のために年間４００万両の予算が組まれたが、その大部分が西太后※と甥の醇親王の私的費用に流用されたという。

また、清では役人が賄賂を要求するケースも多かった。

イギリス・大砲メーカーのアームストロング社の代理人バルタサー・ミュンターによると、李鴻章に速射砲の売り込みに行くと、発射実験を行うやいなや「リベートをいくら出すか？」と聞かれたという（「明治の外国武器商人」長島要一著・中公新書）。

もちろん賄賂の額は、軍事費に上乗せされるので、

※きっちり清朝の中央政府に支払う
徴税費用は13～14％と若干高めだったが、通関数量や税収の報告も正確だったので、中央政府にとってはありがたい面が多かったという。

※西太后〔せいたいごう〕（１８３５～１９０８）
清朝第9代咸豊帝の后。夫の死後、実権を握り、清朝末期の中国を半世紀にわたって支配した。洋化政策に積極的に取り組むが、軍事費から数百万両を自身の引退後の居所の再建費用に流用していたとされる。

西太后

その分だけ割高になるのだ。

清に限らず、当時のアジア諸国というのは、だいたい似たようなものだった。

それに比べれば、明治日本の汚職の少なさは、目を見張るものがあるといえる。

もちろん、汚職も皆無ではなく、明治時代から大きな疑獄事件※などはあった。しかし、相対的に見れば圧倒的に少ないと言える。

大久保利通にしろ、伊藤博文にしろ、岩倉具視にしろ、明治期に国家の指導者的な立場にあった者は、他国の権力者に比べると清廉で、無暗に私腹を肥やすことはなかった。

たとえば、隣国の韓国では現在でも、大統領が自分の関係者に利権をばら撒き、辞任※するたび汚職で告発される、ということが繰り返されている。また、タイでも近年、元首相やその一族が株の売却に伴う巨額の脱税などに関わったとして告発されたことがあった。昨今、中東で頻発している市民の暴動なども、権力中枢があまりに利権を持っていることが要因でもある。

それらを比べたとき、明治維新時の指導者たちは相当にクリーンだったといえるだろう。

しかも当時は近代的な民主主義思想が広まっていた時代ではない。

まだ封建制度がやっと終わったばかりという時代である。権力者が自分の権力を利用して蓄財をすることは当然の世の中だった。その時代において汚職が横行しなかったことが、大日本帝国が経済効率の高い軍をつくることができた要因の一つなのだ。

※大きな疑獄事件
山縣有朋らが公金を商人（山城屋）に貸出して焦げ付かせた「山城屋事件」、北海道開拓使長官の黒田清隆が、国営工場などを部下に破格の安値で払下げしようとした「開拓使官有物払下げ事件」など。

※辞任するたび汚職で告発
韓国の大統領は、退任後に自身や親族の不正蓄財、収賄の罪に問われるケースが多い。関与が疑われた者も含めて名前を挙げると全斗煥（第11、12代）、盧泰愚（第13代）、金泳三（第14代）、金大中（第15代）、盧武鉉（第16代）がおり、２０１３年に退任した李明博元大統領も実兄が斡旋収賄容疑で逮捕され、土地の不正購入でも追及を受けている（２０１３年５月現在）。

3

【日露戦争直後には、戦艦まで自国で生産していた】
世界に並んだ軍艦製造技術

●自前で〝黒船〟をつくる

明治以降、日本は産業の発展にともない、急速に武器の製造技術を身につけていった。

日清戦争時にはすでに「歩兵銃[※]」を自前で製造できるようになっており、日露戦争時には巡洋艦も作れるようになっていた。太平洋戦争時には軍艦のみならず、航空機、大砲、戦車、小銃といった兵器のほとんどを国産でまかなえるようになっていた。

これは世界的に見ると、きわめて特殊なことだった。

第二次世界大戦当時、武器を国産でまかなっていた国は、アメリカやイギリス、フランス、ドイツなどごく一部に限られていた。もちろん、欧米以外では大日本帝国だけである。

19世紀から20世紀にかけて、兵器製造でこれほど急激な発展をした国は他に例を見ない。大日本帝国がすばやく軍事強国になった大きな要因はここにあるのだ。

日本の武器製造技術のなかでも、特に優れていたのが造船の分野だった。この分野に関して

※歩兵銃の製造
歩兵銃は、当時の陸軍の主力だった歩兵が持つ銃であり、戦場での主力兵器ともいえるものだった。日本は早くからこの製造に取り組んでおり、日清戦争時には村田銃、日露戦争時にはアリサカ・ライフルの開発に成功し、実戦投入していた。

大日本帝国が初めて建造した国産軍艦「清輝」。明治11年には、ヨーロッパ諸港を回航。日本初のヨーロッパを航海した国産軍艦でもあった。

は、大日本帝国は80年弱の歴史の中で、欧米に追いつき、追い越した感さえある。

大日本帝国が造船に力を入れ始めたのは、黒船の衝撃からである。

「黒船の脅威」で開国を余儀なくされた日本は、自分たちも黒船をつくることで、欧米に対抗しようと考えた。そして造船業を国の優先すべき産業に位置づけたのだ。

大日本帝国が初めて自国で軍艦をつくりはじめたのは、明治6（1873）年。この年、御召艦「迅鯨」※と軍艦「清《せい》輝《き》」の2艦の建造が開始され、2年後に「清輝」（排水量897トン、720馬力）が進水した。幕末にも千代田形と呼ばれる国産蒸気砲艦が建造されてはいたが、排水量138トン、60馬力という非力なものだった。この「清輝」が初めての本格的な軍艦といえるものであった。

●戦艦まで自国で生産

だが、この「清輝」は木造艦であり、当時の技術では鉄を用いた甲鉄艦を製造することはできなかった。

※迅鯨（じんげい）
明治6年に横須賀港で建造が開始された木造軍艦。天皇や皇族が乗る御召艦だったため、内装が非常に豪華だったという。

迅鯨

※軍艦の建造技術を進展、拡充
明治11（1878）年には横浜製鉄所を内務省から海軍に移管させたり、明治17年には神戸にも造船所を創設するなど、造船部門を拡

海軍はイギリスなどから技術指導を仰ぎ、軍艦※の建造技術を進展、拡充させていった。そして日清戦争時には、巡洋艦「橋立」を建造。「橋立」は排水量4300トン、速力16ノット、5000馬力で、欧米の巡洋艦の性能と比べて、ほぼ遜色のない出来となっている。

明治29（1896）年には「造船奨励法」※などが施行され、船の製造には補助金が出されることになった。これにより、日本の造船業は大きく前進。日露戦争（明治38〜39年）では、すでに、三等巡洋艦（排水量4000トン未満）は自前でつくっていた。

明治 43 年就役の初の国産戦艦。建造当時、世界最大の排水量を誇っていたが、先に竣工したイギリスの超弩級戦艦に記録を抜かれた。

そして日露戦争直後には、戦艦までも建造し始めた。

当時は、強大な戦艦を何隻持っているか、その保有数で国の力関係が決まっていた。大英帝国の威厳も、その圧倒的な戦艦保有数にあった。大日本帝国はその最強の兵器を、明治維新からわずか40年足らずで建造できるまでになったのだ。

明治38（1905）年、海軍は国産第一号の戦艦「薩摩」の建造に着手、翌年には戦艦「安芸」※の建造も始まった。

日本が戦艦を他国から購入したのは、明治44（1911）年にイギリス・ヴィッカーズ社に発注した巡洋戦艦「金剛《こんごう》」が最後である。この金剛は、イギリスの最新技術を会得するために、あえて購入したものだった。この金剛以降、日本は

充させた。

※造船奨励法
他に日本製の船を買った船主に補助金が出される「航海奨励法」も制定された。

※安芸（あき）
薩摩の翌年に建造が開始された国産戦艦第2号。日本の戦艦として初めてカーチス式タービンを搭載。その性能は薩摩を上回った。

煙突が３本の戦艦「安芸」

主力軍艦はすべて自前で建造している。

軍艦製造技術の発達は、当然のことながら軍用船以外の造船技術も高めることになった。

明治43（1910）年頃には、日本の国内の船舶需要は、すべて国内の造船業で賄えるようになり、以後は輸出国に転じた。第一次大戦では、ヨーロッパの工業生産が落ち込んだのを好機に、造船量を激増させた。第一次大戦の間だけで、日本は184隻、40万トンの船舶を欧米に輸出し、大戦後にはイギリス、アメリカに次ぐ世界第3位の造船国となったのだ。

太平洋戦争では軍艦のほぼ100%は国産だった。最新鋭の空母も製造できるようになり、かの戦艦大和※の建造技術もこの造船業の発展が成せたものだったのだ。

■ 海軍力（艦艇数）の推移

年	隻数	トン数
1871（明治4）年	4	3416
1885（明治18）年	25	28,243
1894（明治27）年 ―日清戦争開戦	55	62,866
1904（明治37）年 ―日露開戦	147	236,558
1912（大正元）年	192	533,386
1926（昭和元）年	267	959,657
1931（昭和6）年 ―満州事変	282	1,090,231
1941（昭和16）年 ―太平洋戦争開戦	385	1,480,000
1945（昭和20）年 ―終戦	459	708,000

山田朗『軍備拡張の近代史』（吉川弘文館）より筆者が抜粋

●日露戦争時には世界第4位の海軍国に

※戦艦大和
太平洋戦争期、第三次海軍軍備補充計画に基づき、約1億3000万円の費用を投じ、建造された超巨大戦艦。昭和16（1941）年に就役。戦艦として史上最大の排水量、史上最大の主砲を備えていたが、昭和20（1945）年に米軍機動部隊の猛攻を受け、坊ノ浦岬沖で撃沈された。海軍の切り札であった大和はその存在自体が極秘であり、一般に知られるようになったのは、戦後になってからのことだった。

建造中の戦艦大和

■ **世界の主力艦（一等戦艦、一等装甲巡洋艦）保有数**

明治28（1895）年		
1位	イギリス	53
2位	フランス	32
3位	ロシア	21
4位	イタリア	18
5位	アメリカ	7

→

明治37（1904）年		
1位	イギリス	66
2位	ドイツ	18
3位	フランス	16
4位	**日　本**	**14**
5位	ロシア	14

山田朗『軍備拡張の近代史』（吉川弘文館）より筆者が抜粋

大日本帝国の海軍は、日清戦争後に急成長した。

日清戦争終了時、大日本帝国は世界標準でいうところの主力※艦は一隻も持っていなかった。ところが、それから10年後の明治37（1904）年の日露戦争開戦時には、主力艦の数で世界第4位になっていた。

なぜ、大日本帝国はこれほどの短期間で海軍力を高めることができたのか。それは「三国干渉」の屈辱から、国家を挙げて海軍力の増強に励んだからである。

日清戦争で勝利を収めた大日本帝国は、戦後処理を定めた下関講和条約で清から遼東半島を割譲されることになっていた。

しかし、この地域に利権があったフランス、ドイツ、ロシアが共同し、清に遼東半島を返すよう要求してくる。強国につめよられた日本は遼東半島の割譲を諦めざるを得なかった。

だが、その直後、ロシアは清から遼東半島の南端、旅順と大連を租借する。日本はこのロシアの行動を黙って見ているしかなかった。

この三国干渉と清のロシアに対する旅順、大連の租借は日本にとって国辱ともいえることだった。そして「臥薪嘗胆※」を合

※主力艦
ここで言う主力艦とは一等戦艦と一等装甲巡洋艦を指す。

※臥薪嘗胆（がしんしょうたん）
中国の故事成語。「復讐のために耐え忍ぶ」という意味。三国干渉後、ロシアが遼東半島の旅順・大連の租借権を得たことに、国民の不満が爆発。「臥薪嘗胆」をスローガンに国力増強、軍備拡張に国を挙げて取り組むことになった。

言葉に、急激な軍備に励むことになったのだ。

大日本帝国は、日清戦争直後の明治29（1896）年から10年間で、1億9000万円をかけて海軍を大拡張した。この計画では新たに戦艦4隻、一等巡洋艦6隻、三等巡洋艦2隻、その他多くの駆逐艦や水雷艇を建造することになっていた。

もちろん、これには莫大な軍事予算を必要とした。日清戦争後の10年間、日本は国家予算の半分を軍事につぎ込んだ。国家のインフラも整っていない中、それだけの予算を軍事費に回すのは並大抵のことではない。これは国民全体の後押しがあったからできたことでもあろう。それほど三国干渉での屈辱が大きなものだったのである。

4

大日本帝国を強くした2度の敗北

【実は清に2度も敗北していた日本軍】

●世界を驚かせた日清戦争

大日本帝国が、世界史の中に登場するのは、日清戦争からだろう。

それまで日本は、世界でほとんど知られていなかった。

「アジアの片隅に、ちょん髷を結って腰に刀をさした男たちのいる変な国」ということを一部の人が知っていたに過ぎない。

しかし日清戦争によって、世界の国々は「日本」という国を認識した。

日清戦争での勝利というのは、世界にとって驚異的なことだった。欧米から見れば遅れていたとはいえ、清は4000年にわたってアジアを支配してきた大中華帝国である。経済力も当時の日本の倍はあった。しかも、清はアヘン戦争以来、イギリスとの関係を深くしていた。背後には当時、世界最強の国だったイギリスが控えているという構図もあったのである。※

そんな「眠れる獅子」に、国際的な知名度でははるかに及ばない、東洋の小さな島国である

※日清戦争当時の清とイギリスの関係

清は海軍を全面的にイギリスに依存したり、インフラ建設や財政についてもイギリスの助言を受け入れるなどしていた。またイギリスは、香港を割譲されただけではなく、広州などにも進出しており、清はイギリスの半植民地的な状態にもなっていた。

朝鮮を巡る日中露の関係を描いたビゴーの「魚釣り遊び」(1877)。日本人に対する欧米列強のイメージは、まだちょん髷姿の侍だった。

日本が戦争を仕掛けたのである。世界の国々は、日本が勝てるはずはないと思っていたのだ。

日清戦争の原因は、そもそもは朝鮮問題である。

当時の韓国（朝鮮）は、ロシア、中国という大国が角を突き合わせた中間地点にあった。そういう国は、大国のせめぎあいの影響を受けることになる。

日本は、韓国が他国に支配されることを望まなかった。とくに韓国がロシアの影響下に入れば、日本は日本海を挟んで大国と対峙しなくてはならなくなる。※朝鮮半島は緩衝地帯にしておきたかったのだ。

当時の韓国は、李氏王朝が政権を担っていたが半ば清の属国のような状態で、開国が遅れ、国の近代化もまったく行われていなかった。日本としては韓国に清の属国から脱し、一刻も早く近代化して欲しかったのだ。

もちろん、清はそれを快く思わない。両国は韓国を巡ってたびたび小競り合いを起こしてきた。そして明治20年代後半になると、日本と清の関係は抜き差しならない状態にまでエスカレートし、ついには戦争に発展したのである。

※朝鮮半島は緩衝地帯
明治23（1890）年、山縣有朋は施政方針演説で「主権（領土）線のみならず、利権線に対する影響力を確保しなければならない」と述べている。利権線というのは、具体的には朝鮮半島のことを指す。利権線（朝鮮）が他国の影響下に入れば、日本の安全が脅かされる、ということである。

※壬午（じんご）事変
明治15（1882）年7月、

●実は清国に2度敗れていた日本軍

現代では、日本は簡単に日清戦争で勝利したと思われている節がある。たしかに戦争の内容を見れば、日本軍の連戦連勝だった。しかし、日本は決して楽に勝ったわけではなかった。

壬午事変で脱出する日本の公使館員の姿を描いた浮世絵。この軍乱では軍事顧問の堀本禮造をはじめ、10名以上の日本人が命を落とした。

日清戦争前、実は日本は清に2度敗北を喫している。最初の敗北は、明治15（1882）年の壬午事変※である。当時、朝鮮王朝は旧来のように鎖国を続けようとする「守旧派」と、日本などの力を借り、国の近代化を図ろうとする「開国派」の対立が深まっていた。そんな中、守旧派が扇動した兵の反乱が勃発。開国派の多数が殺害され、日本公使館も襲撃を受けた。

この事件を受けて、明治政府は兵を韓国に派遣し、謝罪と鬱遼島などの割譲を求めた。しかし、日本の要求を清の軍隊がけん制。結局、清の軍隊に屈するかたちで、政府は領土の割譲は諦めざるを得なかった。

壬午の軍乱後、巻き返しを狙った朝鮮王朝内の開国派は、明治17年、軍事クーデター「甲申事変※」を引き起こす。日本の在朝鮮公使、竹添進一郎の全面的な支援を受けた開国

親清派である朝鮮王の父、興宣大院君らの煽動により、大規模な兵士の反乱が発生した。この反乱で、朝鮮王朝の政権を担っていた閔妃一族などの親日派の多くが襲われた。日本公使館や日本人も標的となり、日本人軍事顧問、日本公使館員らも殺害された。

※甲申（こうしん）事変　明治17（1884）年12月に朝鮮王朝の高官金玉均を中心に、起こされたクーデター。当時、朝鮮王朝内では親清派が支配的だったが、金玉均は朝鮮国王を内密に説得し、放火などで王宮を混乱させ、それを口実に日本軍に王宮護衛を依頼し、日本軍の武力を背景に親清派を一掃しようと企んだ。一旦、クーデターは成功するも、宮廷が清軍に包囲されたためにとん挫。親日派の多くは、三親等までの一族が残忍な方法で処刑された。

派は、一時、政権奪取に成功する。しかし、そこでまたしても清の軍隊[※]が登場。この時、日本軍が韓国に派遣していたのは大使館の護衛程度の戦力だったため、まったく太刀打ちできず、クーデターも失敗に終わってしまった。

●清の巨大戦艦の恐怖

日本が清に2度も苦杯を飲まされた理由は明白だった。清の軍事力の方が勝っていたからである。

実際、列強に浸食されていたとはいえ、清の軍事力、とりわけ海軍力はあなどれないものがあった。清は提携関係にあったイギリスから最新鋭の巡洋艦などを購入しており、明治18（1885）年には、「定遠《ていえん》」「鎮遠《ちんえん》」という世界最新鋭の巨大戦艦も就役させていた。

清が誇る巨大戦艦「鎮遠」。ドイツに発注して作らせたもので、当時は「東洋一の堅艦」と称された。日清戦争の後、戦利艦として日本海軍に編入された。

「定遠」「鎮遠」は、排水量7335トンの巨体に、30・5センチ砲4門を搭載、30センチ以上の分厚い装甲を持っていた。それに対して当時の日本海軍の最大艦「扶桑《ふそう》」は、排水量3800トン、20センチ砲、装甲は23センチであった。

※清の軍隊
この時、やってきたのは袁世凱率いる軍勢。日本軍は撤退を余儀なくされ、開国派政権はわずか3日で幕を閉じた。

清の海軍は、この2つの戦艦を含む4隻の軍艦を、明治19（1886）年に、補修という名目で長崎に入港させている※。これは明らかに清国海軍の威容を日本に見せつけるようとする「砲艦外交」だった。

当時の日本は、この巨大戦艦の入港におそれおののいた。

なにしろ、あのペリー※艦隊の黒船の3倍以上の大きさがあるのだ。この巨大戦艦が「いつでも砲撃するぞ」とばかりに長崎にやってきたのである。

日清戦争で日本と清が戦うのは、この砲艦外交のわずか8年後であった。

この埋めがたい軍事力の差を、大日本帝国はどのようにして克服していったのだろうか。

※定遠、鎮遠の長崎入港
入港にともない、清国軍水兵による騒乱事件も起きている。清の艦隊の水兵たちが、遊郭などで暴れ、日本の警察などが鎮圧にあたった。双方が抜刀して争闘になり、両国に死傷者が出た。

※ペリー艦隊の黒船の3倍以上
ペリー艦隊の旗艦サスケハナは、排水量2450トン。対する「定遠」「鎮遠」は排水量7335トン。

5

日清戦争が変えた大日本帝国軍

【鎮台から師団へと生まれ変わった陸軍】

●わずか10年で清を倒す軍を作った

「壬午事変」「甲申事変」の失敗、そして清の巨大戦艦による砲艦外交は大日本帝国に2つの課題をつきつけた。

その課題とは、「軍の性質の変革」と「海軍力の増強」である。

「壬午の軍乱」「甲申事変」の失敗の原因は、日本軍の性格にあった。

当時の日本軍は、まだ内乱を鎮圧し、外圧に備えることを目的とした「国内軍」的な性格が強かった。外国での軍事行動を念頭においていなかったため、朝鮮に限られた兵しか送り込むことができず、清の軍に屈したのである。清と戦うには、海外での活動を視野に入れた「外征軍」に生まれ変わらせる必要があった。

甲申事変の4年後の明治21（1888）年、陸軍は従来の鎮台※制が廃止され、師団制となった。それまでの陸軍において、大きな軍単位は「鎮台」だった。鎮台の主な目的は内乱の鎮圧

※鎮台制
明治4年に設置された日本陸軍の編成単位。オランダの軍隊にならって作られた。

で、全国に6つの鎮台が設置され、徳川幕府における譜代大名のように日本の要所で睨みを利かせていた。

明治政府はこの鎮台を廃止し、新たに「師団」という組織に作り替えた。

「鎮台」と「師団」の違いは何か。簡単に言えば、鎮台は特定の地域の鎮圧を主な目的としているのに対し、師団は活動範囲を定めない、一個の独立した軍隊である。

師団には補給部隊が拡充され、遠隔地でも活動できるよう衛生隊や野戦病院も併設されていた。つまり師団は国外戦争に向けた「外征軍」なのである。

鎮台を廃止し師団に改編した、その裏には大きな意味がある。鎮台を廃するということは、内乱を起こすような勢力が国内に存在しなくなったということである。それは西南戦争から10年、※明治政府が秩序を回復し、政権の基盤を完全に確立していたからこそできたことだったのだ。

師団の誕生により、日本陸軍の実力は著しく上昇することになった。もちろん、清はそんなことを知らない。甲申事変でわけもなく日本軍を蹴散らした清は、

■ 明治21年の軍政改革

改変前の軍管区	改変後の軍管区	
第一軍管区（東京鎮台）	第1師団	歩兵第1旅団 東京
		歩兵第2旅団 佐倉
第二軍管区（仙台鎮台）	第2師団	歩兵第3旅団 仙台
		歩兵第4旅団 青森
第三軍管区（名古屋鎮台）	第3師団	歩兵第5旅団 名古屋
		歩兵第6旅団 金沢
第四軍管区（大阪鎮台）	第4師団	歩兵第7旅団 大阪
		歩兵第9連隊 大津
第五軍管区（広島鎮台）	第5師団	歩兵第9旅団 広島
		歩兵第10旅団 松山
第六軍管区（熊本鎮台）	第6師団	歩兵第11旅団 熊本
		歩兵第12旅団 小倉

※明治政府が秩序を回復　国内で内乱といえるものは、西南戦争が最後であり、以降は武力をともなわない、自由民権運動のような政治運動にかたちを変えていくことになった。

日清戦争でも日本軍などものの数とは思っていなかった。そのため、日清戦争の開戦で驚愕することになる。

●覚悟を決めた軍備拡張

前述した明治19（１８８６）年の清国海軍の砲艦外交は、大日本帝国に清の強大な軍事力をみせつけた。しかし、この砲艦外交は清にとって裏目に出た。

明治政府は両国の軍事力の差を肌で知ったことで、「軍備拡張」という課題に気づいたからだ。そうなればやることはひとつだった。

清への警戒心を強めた明治政府は、課題克服のために急激な軍備を進めた。当時の日本はまだ社会インフラなどを重点的に整備している段階で、財政面に余裕などなかった。しかし、清のこの砲艦外交を見て覚悟を決めた。なりふりかまわず、軍事増強に予算を投入したのだ。

しかし、そんな中でも「経済効率のよい軍作り」という大日本帝国の精神は発揮された。清のような巨大軍艦ではなく、機動力に優れた高性能の巡洋艦を次々と就役させていったのだ。

その中の代表格ともいえるのが「吉野※」である。「吉野」の排水量は４２００トンで清の「定遠」「鎮遠」の6割程度だったが、「定遠」「鎮遠」にはない速射砲を備えていた。この「吉野」の他にも、日本海軍には「松島※」「厳島《いつくしま》」「橋立」といった大きくはないが、優れた巡洋艦が揃っていた。海軍はそれら巡洋艦の性能を最大限に引き出せるよう、兵士に厳しい訓練を課した。

一方の清はというと、巨大戦艦の威容にすっかり胡坐をかいており、むしろ軍備を縮小して

※吉野
イギリスに発注し、建造され、明治26（１８９３）年に就役した日本海軍の防護巡洋艦。当時の世界最速の軍艦とされ、日清戦争で活躍したが日露戦争時に自軍の軍艦と衝突し、沈没した。

いた。そして10年間ほとんど手を入れなかった艦隊は、いざ、日清戦争になったときには、すっかり時代遅れの装備になっていたのだ。

実際の海戦では、清海軍自慢の大口径の砲弾は発射速度が遅く、訓練不足もあり、ほとんど当たらなかった。一方、日本海軍の速射砲は面白いように当たった。「定遠」には159発、「鎮遠」には220発も命中させているのだ。速射砲の中口径の砲弾では、さすがに「定遠」「鎮遠」のような巨艦を撃沈させることはできなかったが、艦上をメチャクチャに壊し、戦闘開始早々に戦闘能力を失わせてしまった。

日清戦争で活躍した防護巡洋艦「吉野」

外征軍への脱皮、そして覚悟を決めた軍備拡張を成し遂げた大日本帝国は、清に追いつくだけでなく、はるかに先を行っていた。まさに「ウサギとカメ」の逸話を地で行くような話である。

●日本のお家芸「電撃作戦」

日本が戦争に強かったことの最大の要因は、「電撃作戦」だと思われる。

その歴史を通じ、大日本帝国の戦いの基本方針は

※「松島」「厳島」「橋立」明治25（1892）年にフランスから購入した。日本三景「松島」「厳島」「橋立」から名づけられたため、「三景艦」と呼ばれた。このうち、「松島」は、日清戦争時の連合艦隊の旗艦。この三艦は排水量4217トンだが、艦体には過大の32センチ砲を積んでいた。これは「定遠」「鎮遠」の30・5センチ砲に対抗するためだった。が、この32センチ砲は、発射するたびに艦が大きくバランスを崩したために実戦では、4、5発しか使えなかった。

「松島」

日清戦争の黄海海戦（「於黄海我軍大捷 第一図」画：小林清親）

「先制攻撃」である。

最初の戦闘で、敵よりも優勢な兵力を突如ぶつける。敵はこれに面喰って、大きく敗退する。そうして戦争を有利に展開するのである。

大日本帝国は戦争をする際、つねに戦費の心配をしなければならなかった。日清戦争で戦った清、そしてその10年後に戦ったロシアはいずれも日本よりも経済力のある国だった。清は日本の倍、ロシアは日本の8倍もの経済力があったといわれる。

となれば、当然、戦費は日本側の方が少ない。日本軍としては戦いにただ勝つだけではなく、財政が破綻する前に、効率よく勝たなければならなかった。最初にできる限り強大な軍を投入し相手を叩く先制攻撃は、費用対効果が最も高い作戦だったのだ。※

日清戦争もこのお家芸が見事にハマったものである。

明治27（1894）年7月25日、日本の軽巡洋艦「吉野」が、清国の巡洋艦「済遠《さいえん》」を攻撃し、日清戦争は始まった。

※日本軍にこの先制攻撃を教えたのは、ドイツ（プロシア）だったとされる。19世紀のドイツは欧州各国にさきがけて、徴兵制を導入。短期間に兵を動員できるように、平時から鉄道や道路の整備に努め、軍はいつ戦争が起きてもいいように、常時、臨戦態勢に近いかたちをとっていた。

明治初期、日本はこうしたドイツの軍事思想や技術を学ぶために、ドイツ先制攻撃の産みの親ともいえる名参謀モルトケの弟子でもあったメッケル少佐を招へい。メッケル少佐は明治18年からの3年間、陸軍大学校で教鞭を執った。この時、メッケル少佐の指導を受けた者には、日露戦争時の参謀長だった児玉源太郎などがいる。

※九連城（くれんじょう）
当時の清と朝鮮の国境付近にあり、清側に位置してい

日本軍は海上での戦闘の後、即座に大島義昌《おおしまよしまさ》率いる第9旅団4500を朝鮮に上陸させた。その4日後の7月29日、豪雨の中、朝鮮の東北地方、牙山《アサン》で最初の陸戦が行われた。清国側の葉志超《ヨウシチョウ》の軍は3000しかいなかった。しかも装備も訓練も日本軍の方がはるかに優れていた。日本軍はこの葉志超の軍を苦も無く蹴散らした。

これ以降、日清戦争のほぼすべての戦闘で、日本軍は大勝を収めた。開戦からわずか3か月後の10月25日には※九連城を攻略し朝鮮半島のほぼ全土を制圧してしまったのだ。※

この日本軍の「電撃作戦」は、「甲申事変」での教訓がある。「甲申事変」では戦争になりそうな状態であるにも関わらず、軍備が整っておらず、日本軍はなすすべがなかった。

同じ轍を二度と踏まないよう、日清戦争直前、時の首相伊藤博文と外相の※陸奥宗光は戦争に対する政府の考え方を次のように決定していた。

「我政府は外交上に於いて常に被動者の地位を執らしむとするも、一旦事あるの日は軍事上に於て総て機先を制しむ」（陸奥宗光の『蹇々録《けんけんろく》』より）

これは「国際外交は常に相手の状況をよく見て慎重に対応しなければならないが、一旦、戦争が起こった（起きる状態になった）ならば、一心不乱に軍事を優先し、全力で機先を制する」ということである。この方針により、戦争をすると決めた途端に、ためらわずにできるだけ多くの兵を、できるだけ早く戦場に送り込むことにしたのだ。

日清戦争前に立てたこの戦争方針は、太平洋戦争終戦まで日本の戦争思想の中心となっていったのである。

た。現在の中国遼寧省の鴨緑江沿いの地域。

※3か月で朝鮮半島のほぼ全土を制圧
日本軍の進撃があまりに早かったので、兵站が追い付かないほどだった。当時の朝鮮では銅銭しか通用しなかったため、現地で食料を調達することも難しかったという。

※陸奥宗光
天保15（1844）年～明治30（1897）年。坂本龍馬の海援隊のメンバーとして尊王攘夷運動に奔走。第二次伊藤博文内閣では外務大臣を務め、日本の念願だった列強との間の不平等条約の改正を成し遂げた。

陸奥宗光

6 たった10年でロシアを倒す軍をつくる

【日清戦争直後から軍の拡張に乗り出した大日本帝国】

●わずか10年で軍を大拡張

日清戦争は、甲申事変の〝敗北〟から10年かけて準備をし、清を倒したものだった。その10年後に起きた日露戦争も、非常に似たような経緯をたどっている。

日清戦争では日本が勝利を収めたが、その勝利は後味の悪いものだった。

日清戦争の戦後処理を決めた下関講和条約では、清は遼東半島の日本への割譲を認めていたが、この地域に利権のあったフランス、ドイツ、ロシアが共同し、日本に対して遼東半島は清に返すように要求したのだ。

日本は、この圧力に逆らえず遼東半島の割譲は諦めた。直後、ロシアは遼東半島の大連、旅順を租借すると、満州全土に兵を配備し、満州を手中に収めてしまった。そして、今度は朝鮮にまで手を出してきた。

日本にとってもっとも警戒していたことが現実となりつつあったのだ。

■明治33年（日露戦争の４年前）の各国のＧＮＰと軍事費

	日本	ロシア	イギリス	アメリカ	ドイツ	フランス	イタリア
GNP	1,200	8,800	10,000	18,700	9,800	6,500	3,000
１人当たりのGNP	30	70	240	250	180	170	90
軍事費	66	204	253	191	205	212	78
財政に占める軍事費の割合	45.5%	21.6%	37.9%	36.7%	44.2%	30.3%	22.5%

※単位：GNP＝100万ドル、１人当たりのGNP＝ドル、軍事費＝100万ドル
（軍事史学会『日露戦争（一）』錦正社より）

日本は、日清戦争直後の明治29（１８９６）年から10年間で、1億９０００万円をかけて海軍を大拡張することにした。戦艦4隻、一等巡洋艦6隻、三等巡洋艦2隻その他駆逐艦や水雷艇など合計74隻の軍艦建造を計画した。

陸軍兵力も、当時の常備軍12万人を倍の24万人程度の増員される計画が立てられた。

そして10年後の明治37（１９０４）年ごろには、なんとかロシアと戦えるくらいの兵力を整えたのだ。※

苦汁をなめた後、しばらくはじっと耐えて軍備を充実させ、乾坤一擲《けんこんいってき》で敵を倒す、という日清戦争とまったく同じパターンなのである。

●予想外の日本の進撃

日本とロシアの間には、GNPで8倍の差があり、国力から見れば圧倒的にロシアに分があった（上図）。世界各国も、当然、ロシアが勝つと思っており、日本が戦費調達のために発行した公債も、開戦前はまったく売れなかった。

しかし日露戦争もまた、蓋を開けてみると日本軍が予想を超

※ロシアと戦えるくらいの兵力を整えたのだ
日露戦争開戦の年である明治37（１９０４）年には、極東方面の軍事力は、陸上兵力でロシア12万人、日本は20万人だった。海軍は、ロシア東洋艦隊19万トン、日本海軍が26万トンだった。ロシア本国には、強大な軍事力があったが極東に配備されているのは、意外に少なかったのだ。戦争が始まれば本国から大規模な補充があるが、それでも欧州の兵力を空にすることはできないので、だいたい日本軍と同等か若干、上回る程度の兵力だった。

える強さを示した。

日露戦争については、いろんな場所で散々語られてきたことであり、ご存知の方も多いと思うが、経緯だけ簡単に説明したい。

明治37（1904）年2月6日、日本がロシアに対して国交を断絶した。その2日後の2月8日、日本軍が朝鮮半島の仁川《ジンセン》に上陸し、本格的な開戦となった。しかし、日本の上陸軍に対して、朝鮮に駐留していたロシア軍はほとんど抵抗することなく撤退した。日本は苦も無く朝鮮全土を制圧し、満州に進出した。5月には満州の要衝、九連城、鳳凰城を占領した。

この緒戦での日本の勝利に、世界中は驚嘆した。近代になってアジアの国が、欧米の国に勝ったことはなかった。しかも、その相手は屈指の大国ロシアである。この緒戦に見事勝利した第一軍の※黒木為楨《ためもと》は、アジアの英雄ゼネラル・クロキとして※全世界にその名をとどろかせた。

海上での戦いも、緒戦から日本有利に進んだ。

開戦半年後の8月10日には、黄海付近で日露の艦隊が激突し「黄海《こうかい》海戦」が起きた。この海戦ではロシア艦隊の旗艦ツェザレウイチが被弾して操舵の自由を失い大混乱をきたすなど、日本軍の優勢に終わった。だが、戦艦を沈没させるまでには至らず、ロシア海軍の戦艦5隻は旅順港に籠った。

このロシア海軍の戦艦5隻は、頭の痛い存在だった。ロシアにはバルト海にもうひとつ大きな艦隊があり、極東に派遣してくる恐れがあった。もし旅順の戦艦5隻と、バルト海の艦隊が合流すれば、日本海軍の倍近い兵力となる。そうなれば、日本海軍は圧倒的に不利になる。

※黒木為楨
（1844〜1923）

陸軍大将。薩摩藩の武士に生まれ、戊辰戦争にも士官として従軍し、殊勲があった。日本陸軍創設とほぼ同時に大尉として入隊。陸軍草創期の現場指揮官を担う。日清戦争では、第6師団の師団長（陸軍中将）として出征。威海衛の戦いなどで殊勲をたてる。日露戦争では第一軍の司令官だった。

黒木為楨

※全世界にその名をとどろかせた
アメリカでは、黒木には、クロスキーというポーランド人の血が混じっているという根も葉もない噂が流れ

しかも旅順に籠った戦艦を、陸上から攻撃するのは、容易なことではなかった。遼東半島の先端の旅順港には、ロシアが巨費を投じて鉄とコンクリートで固めた強固な要塞を築いていた。この旅順要塞は難攻不落といわれていた。

しかし日本軍としては、どうしても落としておかなければならなかった。この旅順での攻防戦は、日露戦争中、最大の激闘となった。

旅順港のロシア艦隊に攻め込む帝国海軍

明治37（１９０４）年８月に、日本軍は旅順攻撃を開始した。

１回目の総攻撃では日本軍５万７１６５人のうち１万５８６０名が死傷し、要塞を落とすことはできなかった。２回目の総攻撃も４０００人近くの死傷者を出し、これも失敗。３回目の総攻撃に、二〇三高地※という高台を占領することで、旅順港の攻略に成功した。旅順港に潜んでいた戦艦５隻を陸上攻撃で撃沈し、完全に外部との連絡が絶たれた旅順要塞も、明治38（１９０５）年の正月には開城し降伏した。

明治38（１９０５）年３月には、満州の奉天で大規模な会戦が行われた。

日本側約24万、ロシア側約36万が参加した、当時と

ていたという（「日露大戦秘史・陸戦編」朝日新聞社編より）。アジア人がロシア軍を破ったということが、いかに驚きであったかということである。

※二〇三高地
遼東半島の南端に位置する丘陵。海抜２０３メートルであることからこの名前が付けられた。１９９０年から一部が観光客に開放されるようになっている。

二〇三高地

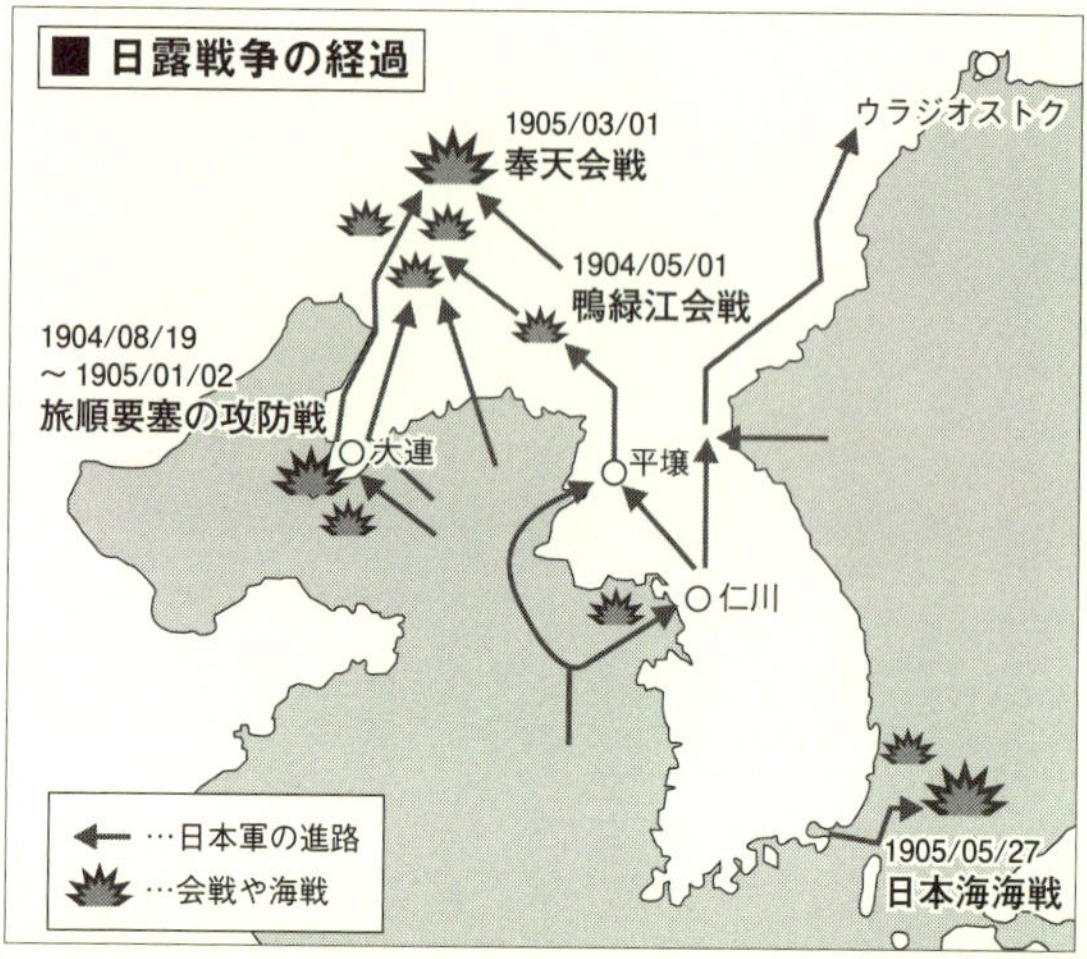

しては世界最大の会戦だった。それまでの戦いではロシアの準備が整わないうちに、日本が攻撃をしかけたというものがほとんどだった。だが、この奉天会戦ではロシア側も準備万端で、将兵の数も日本より10万人以上も多かった。

しかし、この戦いでも日本は勝利を収めた。

戦闘は1週間ほど一進一退の攻防が続いた後、※ロシア軍が突如退却することで幕を閉じる。死傷者は日本7万人、ロシア9万人。両軍ともに相当の損害を出したが、ロシアの方が参加将兵が多かったことを鑑みれば、日本の大勝利といえる。この戦いにより、日本軍は南満州の大半を占領した。

そしてその2ヶ月後の日本海海戦では、日本軍が決定的な勝利を得る。ロシア側が戦艦6隻を含む21隻が沈没したのに対し、日本側は水雷艇2隻の損害しかなかった。そして死傷は日本側が700名だったのに対し、ロシア側は4830名が戦死し、司令長官を含む6000名以上が捕虜になった。

世界の海戦の歴史の中でも、まれに見る完璧な日本の勝利だった。

※ロシア軍が突如退却を始めたのは、奉天会戦が始まってから8日後の明治38年3月9日。日本軍に退路を寸断されることを恐れたロシア軍の総帥クロポトキンが奉天を捨て、軍を北上させた。当初は体制を整えた後、反撃に移るつもりだったともされるが、兵の士気が低下しすぎており、軍を立て直すことができなかったといわれている。

退却するロシア軍

7

【ロシア海軍を装備で圧倒していた日本海軍】

科学力の勝利だった日本海海戦

●日本海海戦は科学力の勝利だった

日露戦争の日本海海戦というと、日本が圧倒的な勝利を収めた海戦として名高い。この日本海海戦は、連合艦隊長官の東郷平八郎の指揮や参謀の秋山真之の作戦などばかりがクローズアップされる。

確かに東郷平八郎や秋山真之の存在は大きかったといえるが、用兵以前の「装備」に関しても日本海軍がロシア海軍を圧倒していたことは意外と知られていない。

日本海軍は、主力艦船の数こそロシアに劣っていたが、艦船ひとつひとつの装備では圧倒していた。

その最たるものが無線機である。

日本海軍は日露戦争に際し、最新の無線機を戦艦などの主力艦だけではなく、駆逐艦、仮装巡洋艦などほぼすべての艦に搭載していた。これは世界で類を見ない、史上初の試みだった。

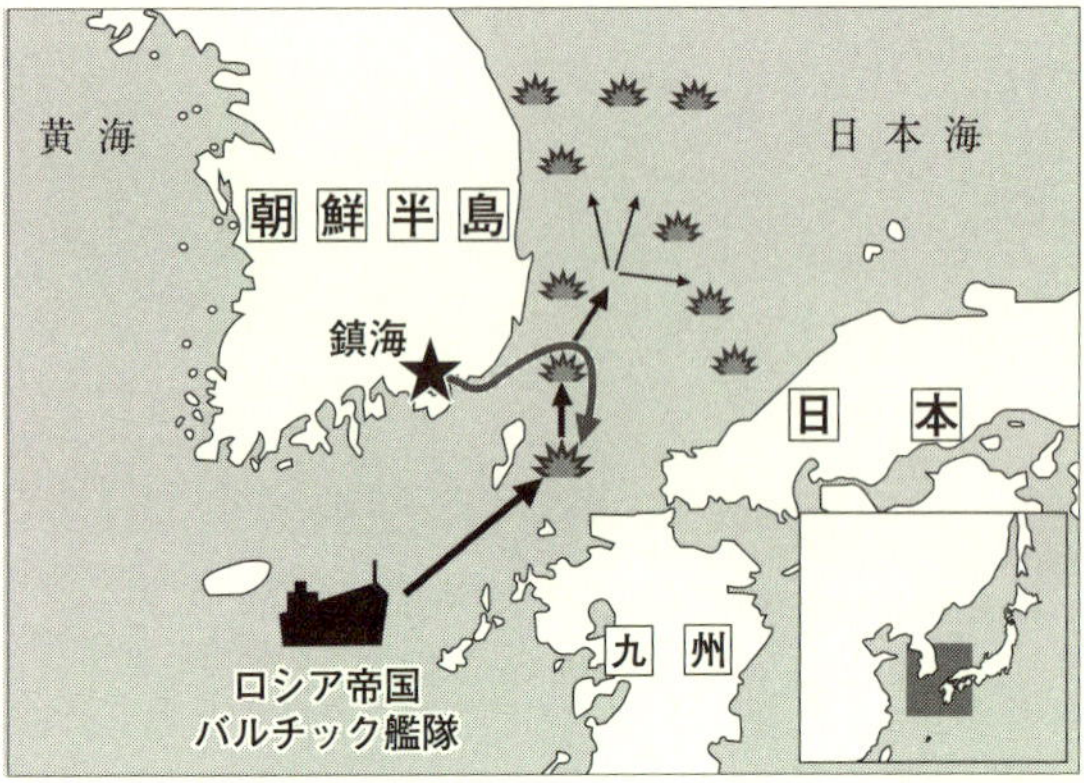

日本海海戦の経過図。世界の戦史に名を残す記録的な大勝利だった。

当時の世界の海軍は、連携手段に手旗信号を使っており、当然、ロシア海軍もそうだった。つまり日本海海戦というのは、「無線機器」対「手旗信号」の戦いでもあったのだ。

アメリカのジャーナリスト、アーネスト・ヴォルクマンはその著書『戦争の科学』の中で、日露戦争の海戦について次のように語っている。

「西洋列強の一劃《いっかく》だったロシアとの戦争に突入した日本は、対馬沖でロシア艦隊を邀撃し、ロシアの主力艦38隻のうち21隻を沈没または無力化させるという大勝利を収めたのである。この勝利をもたらした原因のひとつが、技術力の差であることは疑いない。長距離砲射程をもつ艦砲に加え、日本は史上初めて海戦で無線機を使用した。艦上に積まれた無線機によって、日本の指揮官たちは各艦を迅速に展開させることができた。日本艦隊の機動力に、旗を使った伝統的な信号システムに頼るロシア艦隊が対応するのは不可能だった」※

※出典
アーネスト・ヴォルクマン著、茂木健訳『戦争の科学』（主婦の友社）より。

当時、日本海軍は「三六式無線電信機」という世界的にも最高水準に達していた無線機を持っていた。これは安中電機[※]がドイツ製の無線機を元に開発したもので、明治36（1903）年に正式採用されたことから、三六式という名称がついていた。

この三六式無線機は、日本海海戦において陰の主役ともいえる重要な働きをした。

日本海海戦で沈没したバルチック艦隊の旗艦「クニャージ・スワロフ」

日本海海戦というのは、バルト海からはるばる極東にまで遠征してきたバルチック艦隊を、日本の連合艦隊が迎え撃った戦いである。

バルチック艦隊は、日本海の最北部に位置するウラジオストック港を目指していた。バルチック艦隊がとりうる航路はふたつあった。九州の西側にある対馬海峡から日本海に侵入してくるのか、それとも日本列島に沿って太平洋を航行し、津軽海峡から日本海に入ってくるのか。海軍は九州近海に偵察艦を派遣し、水も漏らさぬように、バルチック艦隊の動向を注視していた。

明治38（1905）年5月27日（日本海海戦の1日目）の早朝、哨戒中の仮装巡洋艦[※]の信濃丸がバルチック艦隊を発見した。信濃丸は「三六式無線電信機」で

※安中電機（あんなかでんき）
帝国大学工科大学の助手をつとめていた安中常治郎が明治33（1900）年に創業。後に共立電機と合併、現在の株式会社アンリツとなる。

※仮装巡洋艦の信濃丸
明治33（1900）年、アメリカで竣工。本来は日本郵船のシアトル航路の貨客船だったが、軍に徴用され、日本海海戦当時は仮装巡洋艦として哨戒等の任務にあたっていた。

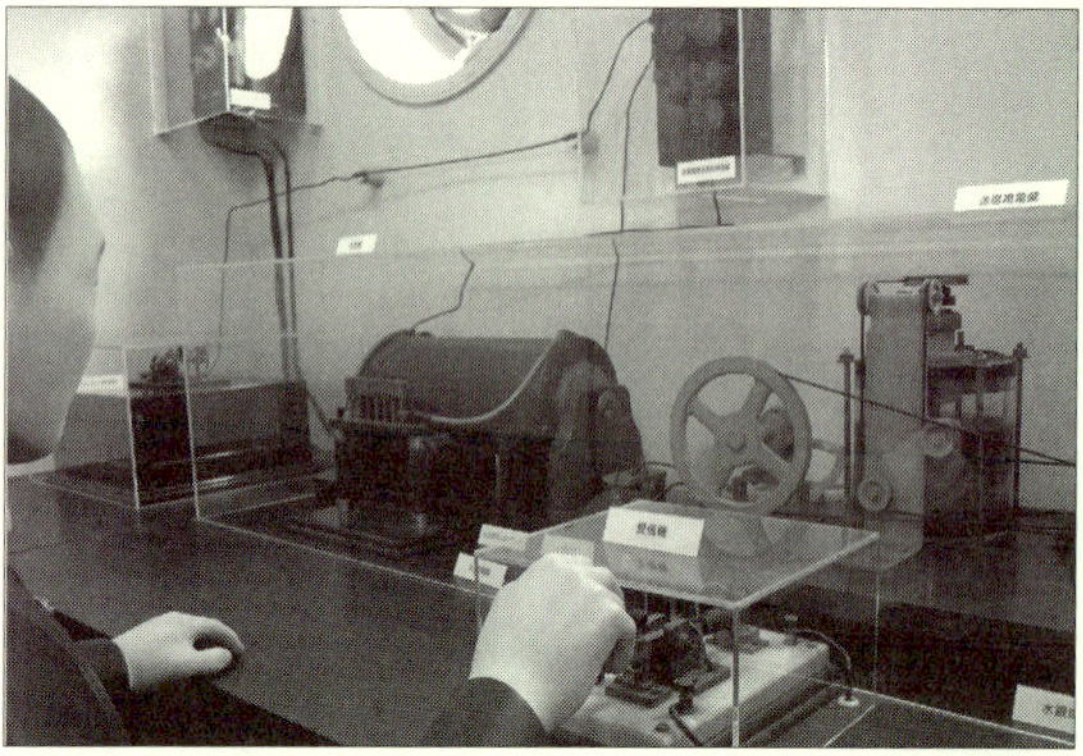
神奈川県横須賀市の記念館「三笠」内に展示してある三六式無線電信機。無線技師の人形が当時の雰囲気を伝えている。

ただちに連合艦隊に向けて「敵艦見ゆ」を打信した。これが敵艦隊発見の第一報だった。連合艦隊は、この報を受けて即座に戦闘準備に入り、万全の態勢でバルチック艦隊を迎え撃ったのである。

また日本海海戦といえば、「敵前大回頭」※に象徴されるように東郷連合艦隊の迅速で精密な艦隊運動が、大勝利の要因の一つとされている。優れた艦隊運動は、各艦の連携が正確に取れていたから出来たものであり、ここでも三六式無線電信機が大きな役割を果たしているのである。

この三六式無線電信機は、当時、最新の技術だった「鉛蓄電池《なまりちくでんち》」を電源としていた。この「鉛蓄電池」はすでに国産されていて、島津製作所が製造していた。このときの「鉛蓄電池」は、改良され後に「GSバッテリー」という商標がつけられた。現在も、GSバッテリーは、自動車などで広く使われているので、ご存じの方も多いだろう。GSバッテリーのGSとは、開発者の名前「島津源蔵」※から取ったものである。

なにはともあれ、当時すでに「モノづくり大国日本」の片鱗が表れていたのである。

※敵前大回頭
日本海海戦の中で、日本艦隊はバルチック艦隊の進行経路を横切るような艦隊運動をした。これはバルチック艦隊を逃がさないために行ったものだが、回頭するときには各艦が一艦ずつ腹を敵艦隊にさらすことになり、常識外れの艦隊運動だった。しかし、この艦隊運動によって、日本海軍はバルチック艦隊に逃げる隙を与えず、全滅に近い打撃を与えた。

※島津源蔵（二代目）
（1879〜1951）
明治8年に父親（初代島津源蔵）がエンジンなどを製造する「島津製作所」を設立。明治27年に父親が死去すると、二代目の島津源蔵を襲名して会社を引き継ぐ。GSバッテリーなど、数々の発明を行い、昭和5年には「日本十大発明家」の1人に選ばれた。

●鉄さえ燃やした下瀬火薬とは？

東郷艦隊が持っていた秘密兵器はこれだけではない。たとえば、下瀬火薬である。

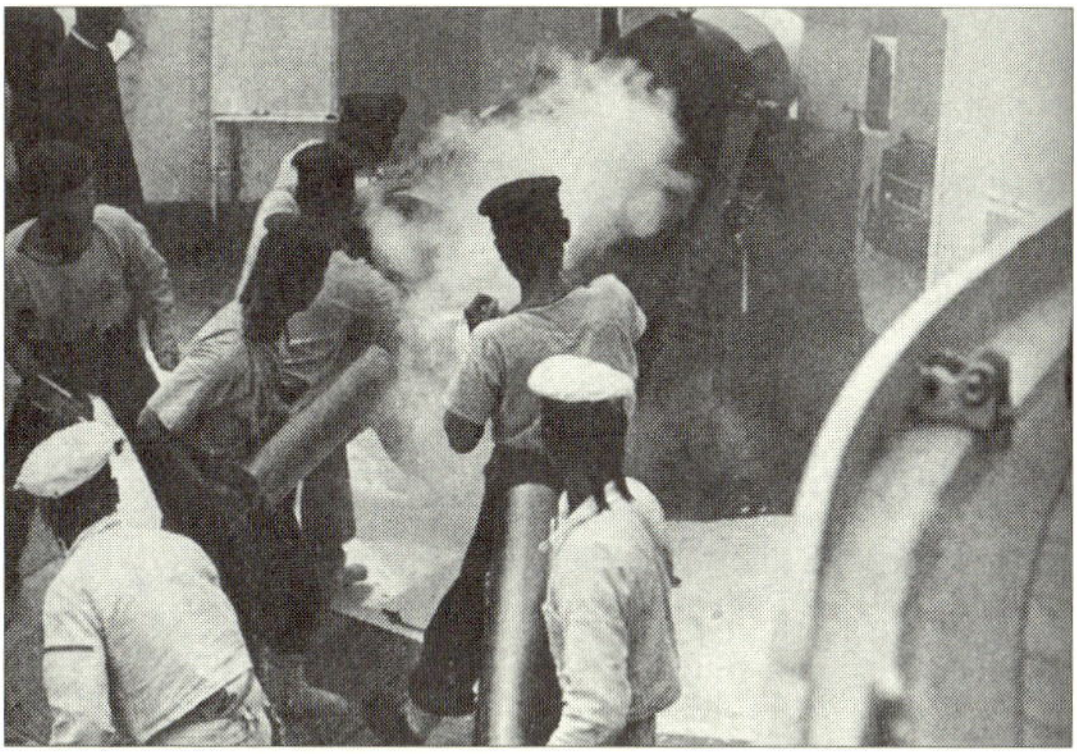

下瀬火薬と伊集院信管の威力で、ロシアのバルチック艦隊に大打撃を与えた日本海軍の砲撃（『1億人の昭和史14』毎日新聞社）

下瀬火薬とは、これまでの火薬よりもはるかに爆発力のある火薬で、当時の日本海軍の最高機密となっていた。

この下瀬火薬は、海軍技師だった下瀬雅允※が製造したものだった。石炭酸を硝化してできるピクリン酸を調合してつくられたもので、当時、フランスで発明されたメリニットという最新の火薬と同じ成分を持っていた。

日本海軍はこの下瀬火薬を実用化し、日露戦争で実戦投入した。下瀬火薬を詰められた日本海軍の砲弾は、敵艦を貫徹するよりも、その爆発力※によって敵の戦闘能力を奪い取った。

日本海海戦に参加したあるロシア士官は、下瀬火薬をこう語っている。

※下瀬雅允（しもせ・まさちか）（1859〜1911）広島藩の武士（鉄砲役）の家に生まれ、工部大学校化学科（現東京大学工学部）を卒業、最初は大蔵省に入り、後に海軍の技師となる。

※爆発力によって　当時の軍艦の砲弾は、敵艦に貫徹させることが一つの目標となっていた。敵艦に穴をあけ、浸水させること で沈没させるのである。それには砲弾自体の頑強さ（貫徹力）が求められた。しかし日本海軍の場合は、貫徹力よりも爆発力に重きを置いていた。沈没させることよりも、敵艦の艦上の構造物を破壊しつくし、戦闘能力を失わせる方が先だと考えたからだ。敵の戦闘能力を失わせた後に、ゆっくり沈没させればいいという発想である。

「日本軍の砲弾の爆発力は、鉄板をも燃焼させる。もちろん本当は鉄が燃えるわけではないが、鉄板は真っ赤になる。水に浸したものでも燃え始める」

この下瀬火薬のために、ロシア艦隊は早々に戦闘能力を失い、抵抗がやんだところで順次、撃沈されていったのだ。

また日本海軍には、下瀬火薬とセットで「伊集院信管」という秘密兵器もあった。

信管というのは、砲弾などが着弾した時に爆発を起こす装置のことである。この信管がうまく作動しなければ、着弾しても爆発しない「不発弾」となる。不発弾になれば、せっかく砲弾を命中させてもあまり効果がない。いかに不発弾を出さないかが、砲撃においては重要だった。

日露戦争当時、日本海軍は伊集院信管という信管を使っていた。これは、海軍少佐だった※伊集院五郎が発案したもので、少しでも敵に着弾すれば爆発する優れものだった。

伊集院信管は、敵艦の本体だけではなく、マストや曳き綱にあたっただけでも爆発したという。ただし、この伊集院信管は、あまりに鋭敏なために戦闘が激しくなって砲身が熱を帯びると※発射時に砲内で爆発してしまうという事故も時々起こしている。

この不発弾を出さない伊集院信管の鋭敏さと、下瀬火薬の爆発力があいまって、ロシアのバルチック艦隊を粉砕したのである。

※伊集院五郎
（1852〜1921）
薩摩藩出身で、戊辰戦争にも参加。維新後、海軍兵学寮（後の海軍兵学校）に入り、明治10（1877）年、イギリスに9年間留学し、水雷、砲、艦隊運用などを学ぶ。日清戦争前から砲弾の信管の改良に着手し、明治32（1899）年に伊集院信管を完成させた。

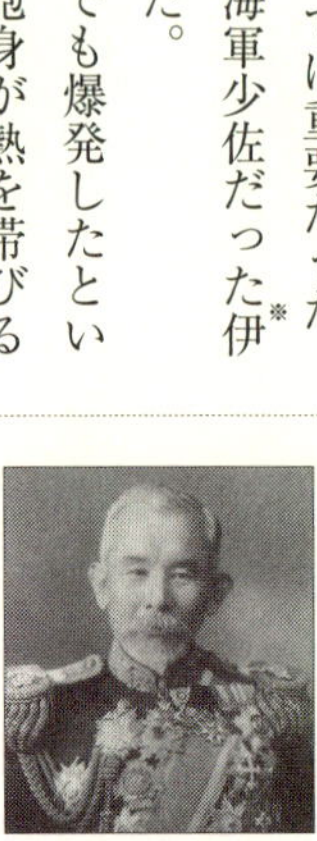
伊集院五郎

※発射時に砲内で爆発してしまうという事故
太平洋戦争時の連合艦隊長官山本五十六は、日露戦争では巡洋艦日進に少尉候補生として乗っていたが、この戦闘中に砲内が爆発する事故に遭い、指2本を失っている。

第四章

本当はすごかった日本軍の科学力

1
日本軍は科学技術が強くした
【実は世界の最先端を行っていた日本軍の兵器】

●産業の発展が兵器製造に生かされた

日本軍というと精神論ばかりがもてはやされ、科学技術を無視していたというように語られることも多い。しかし、これは誤解である。

これまで見てきたように、大日本帝国には重い経済的な制約があったため、限られた予算の中で効率よく強い軍を作らなければならなかった。根性などの精神論では、軍を強くすることはできない。日本軍を強くしたのは、間違いなく科学や技術であった。

前章では明治以降、造船業が急成長したことを述べた。だが、戦前の日本で成長した産業はそれだけでなかった。

明治初頭から日本の基幹産業であった紡績業は、昭和8（1933）年にイギリスを抜いて世界トップのシェアを築いていた。日清戦争の賠償金で八幡製鉄所を建てるなど国を挙げて取り組んでいた鉄鋼業も、昭和に入ると国内消費分を製造するだけでなく、他国に輸出するまでになった。その他、自転車、鉄道車両、玩具なども広く外国に輸出。明治維新から70年の間で、日本の経済はＧＤＰが実質６倍になるという歴史的な成長を遂げているのだ。

　この産業の発達の中で磨かれた科学や技術は、当然、兵器の製造にも生かされることになった。〝物量〟で劣る日本は、兵器の〝質〟でカバーしようとしたのだ。

伊号176潜水艦

●新兵器に目ざとかった日本軍

日本軍は世界の新兵器に対して、異常なまでに関心が強かった。どこかで新しい兵器が開発されると、真っ先にそれを研究した。

たとえば、潜水艦の導入も日本は非常に早かった。

※近代潜水艦が登場したのは明治33（１９００）年。イギリス人の技師、ジョン・フィリップ・ホランドの設計した潜水艦をアメリカ軍が採用したのである。

日本はその5年後には、ホランドが設計した潜水艦を神戸川崎造船所で建造している。そして太平洋戦争中は、潜水艦の分野でも世界有数の技術力を持っていたのである。

日本軍の※伊一七六型は航続距離８０００キロ、最高

※近代潜水艦
潜水艦は幼稚な構造のものならば、１６３０年にすでに製造されていた。内燃機関を搭載した本格的な潜水艦は、明治33年に竣工したイギリス人ジョン・フィリップ・ホランドの設計したものが最初である。

※伊一七六型
アメリカのガトー級の潜水艦とほぼ同程度の性能を持つ。ただし、アメリカのガトー級潜水艦が２２０隻作られたのに対し、伊１７６型はわずか10隻しかつくられなかった。

速度23ノット、魚雷搭載本数12本という高性能だった。第二次大戦中に稼働していた潜水艦の中ではアメリカのガトー級に次ぐ性能とされていた。

また日本は航空機の導入も非常に早かった。

ライト兄弟が飛行機を発明したのは明治36（1903）年のことだが、その7年後の明治43（1910）年には、早くも日本陸軍大尉の徳川好敏《よしとし》※が飛行機による飛行を成功させている。

日本軍はこの飛行機をすぐに兵器として導入し、開発研究に力を注ぐようになった。そして太平洋戦争前には、世界有数の航空技術大国になっていた。

日本の航空技術がどれほど高かったかは、戦後の連合軍の占領政策を見ればわかる。GHQは、日本の航空産業を全面的に廃止させた。軍用機はもちろん、民間機の製造さえ一切禁止され、航空機の製造はまったくできず、大学での研究さえ許さないという徹底ぶりだった。この航空産業禁止は、7年間にも及んだ。アメリカは現在でさえ、日本が軍用機の製造をすることを良しとしていない。つまり、それほど日本の航空技術を恐れていたということである。

もちろん、日本は欧米よりも産業革命が1世紀近く遅れていたため、すべての面において欧米の技術に追いつき、追い越すというわけにはいかなかった。しかし部分的には、欧米の技術を凌駕したり、欧米にない画期的な技術を開発したりしているのだ。

この章では、日本軍のそういう優れた兵器技術について、追究していきたい。

※徳川好敏
（1884～1963）
日本陸軍の軍人。清水徳川家の第8代当主。陸軍士官学校を卒業後、航空技術習得のためフランスに派遣され、日本の航空技術の発展に尽力する。清水徳川家とは、徳川将軍家の分家で、御三家に次ぐ家格を持つ御三卿のひとつ。将軍を出す資格もあった。

2

【いち早く「航空戦の時代」到来に気づいていた日本軍】
世界に先駆けて空母を実戦投入した

●世界で初めて「空母」をつくった

「太平洋戦争での日本海軍は大艦巨砲主義※に固執し、航空兵力を重視したアメリカに敗北した」などとよく言われる。

しかし、これはまったくの誤解である。

そもそも太平洋戦争まで、世界各国の海軍はいずれも大艦巨砲主義だった。航空機は、第一次大戦ですでに登場していたが、それが海上兵器として戦艦に対抗できるほどのものかは議論が分かれていた。世界の多くの国々がまだ航空機を巡って試行錯誤している状況だったのだ。

そんな中、日本は、むしろ世界に先駆けて航空機を導入しようとした。そのことが表れているのが、「世界で最初の空母建造」なのだ。

空母とは航空機の離発着ができる軍艦のことである。

第二次大戦直前に発明されるや、海上兵器の主力の座を戦艦から奪い、現在に至るまでもっ

※大艦巨砲主義
艦船の戦いは、主砲の大きさで決まるとして、戦艦の主砲と船体が際限なく大きくしようとする思想。

アメリカ海軍巡洋艦バーミンガムから離陸するユージン・イリイ

とも重要な軍艦の地位を占めるものである。

ただし、空母は作ろうと思って簡単にできるものではない。船という非常に限られたスペースの中で航空機を離発着させるのだから、その構造には精密なバランスが要求される。

単純な比較はできないが、たとえば中国が空母を保有できたのは2012年のことだった。しかもそれは自国で一から建造したものではなく、ウクライナから中古で購入した空母に改造を施したものだった。空母というのは、それほど保有するのが難しい軍艦なのだ。

その空母という高度な兵器にいち早く着目し、世界で最初に完成させたのは、実は日本なのである。

世界史の上で、空母の原型とされるものが登場したのは、ライト兄弟が飛行機を発明してから、わずか7年後の明治43（1910）年。アメリカの飛行家ユージン・イリイ※が、アメリカ海軍巡洋艦バーミンガムの甲板に仮設した滑走台からカーチス複葉機を発進させることに成功したのが始まりだとされる。ユージン・イリイはほどなく飛行機の軍艦への着艦も成功させた。

このユージン・イリイの成功により、海軍の先進各国はこぞって航空機を本格的な兵器に仕

※ユージン・イリイ（1886〜1911）アメリカの飛行家。飛行機のセールスマンを経て、飛行家に転身。ライト兄弟のライバルだったグレン・カーチスに雇われた。明治43（1910）年にアメリカ海軍巡洋艦バーミンガムの甲板からの離陸に成功。2ヶ月後には、着艦フックを使って、停泊中の装甲巡洋艦ペンシルベニアへの着艦も成し遂げたが、翌年、操縦する飛行機が墜落。不慮の事故死を遂げる。没後の1933年、その功績を讃え、大統領から勲章が贈られた。

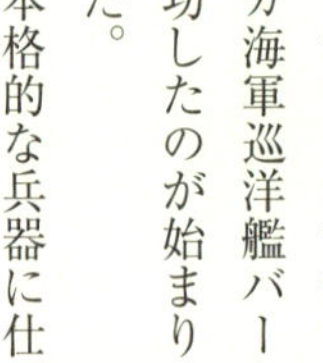
ユージン・イリイ

立て上げようと考えた。

日本海軍は、この「空母」に関しても早くから兵器として重要視した。

大正3（1914）年には貨物船若宮丸※を、水上機※を搭載する母艦に改造し、「若宮」と改称して軍艦籍に入れた。航空機の母艦として、正規の軍艦籍を入れられたのは世界でこの「若宮」が最初である※。

「若宮」所属の日本海軍のファルマン水上機（大正３年、青島）

若宮は、大正4（1915）年には、ファルマン水上機4機を搭載して、第一次大戦に出陣し、青島への偵察爆撃を行った。日本海軍の航空機が作戦に参加したのは、これが最初である。世界海軍航空史では、イギリスのアークロイアルが世界最初の水上機母艦とされているが、実際は若宮の就役の方が4ヶ月早かったという（「空母入門」佐藤和正著・光人社）。

●世界初の正式空母「鳳翔」

大正8（1919）年には、世界で初の正式空母が日本で誕生している。

「鳳翔《ほうしょう》」である。

それまで空母と同じ働きを持つ軍艦はすでに現れて

※貨物船若宮丸
この船は、もともとは明治38（1905）年の日露戦争中に、対馬沖で戦時禁制品を輸送していたイギリスの貨物船レシントンを海軍が捕獲したもの。

※水上機
水上機というのは、水面から離発着する航空機のことである。つまり、当時はまだ船の甲板から離発着するのではなく、船で運搬し、海上に下して離発着させていたのである。

※水上機母艦としての若宮
排水量5180トン、速力11ノット、8センチ砲二門、5センチ砲二門、搭載機は4～5機。大正9（1920）年に日本海軍の艦艇分類で「航空母艦」という艦種が初めて設定され、若宮はその第一号となった。

日本海軍が世界に先駆け実戦投入した正規空母「鳳翔」

いたが、それは巡洋艦などを改造したものだった。最初から空母として設計され、空母として使用されたのは、この鳳翔が最初なのである。

当時、軍艦から航空機を発進させるという戦術は、海軍国から注目されていた。

航空機を軍艦で海洋まで運び、そこから発進させれば、神出鬼没の働きができる。また航空機の航続距離を気にすることなく、作戦がたてられる。

第一次大戦でも、すでに軍艦で水上機を運搬し、海上から進撃させるという作戦は幾多も行われた。水上機による空爆も行われ、前項で述べたように日本もこれに成功している。

しかし水上機というのは、機底に水上浮上のためのフロートを取り付けていたため鈍重で、通常の戦闘機との空中戦には弱かった。そこで、水上機ではない普通の航空機が離発着できる軍艦、つまり「空母」の必要性が高まってきたのである。

この空母には、世界の海軍先進国イギリスと日本がいち早く着目した。※

イギリスは第一次大戦末期の大正6（1917）年に、正規空母のハーミーズを起工した。

※イギリスと日本がいち早く着目
当時、日本とイギリスは同盟関係にあった。そのため、鳳翔の開発でも、海軍先進国であったイギリスの軍事技術団を招き、空母デッキの建造技術などの指導を受けている。

鳳翔はそれより遅れて起工したが、ハーミーズの建造が第一次大戦の影響で遅れたため、鳳翔の方が早く完成し、世界初の正規空母となった。

完成した当初の鳳翔は、排水量7470トン、出力3万馬力、速力は25ノット、飛行甲板は長さ158・2メートル、幅22・7メートルで、搭載機は21機。後の分類では軽空母に属する。

この鳳翔は、「空母」を実用化するための実験船のようなものだった※。船上から航空機を離発着させるためには、どのような構造がもっとも適しているのか、日本海軍はこの鳳翔から貴重なデータを得ることができた。

たとえば艦橋は、航空機の離発着に邪魔になることがわかったために撤去された。また当初、鳳翔の甲板には、離陸がしやすいようにと傾斜がついていたが、むしろ傾斜がない方がいいことがわかったので、水平に修正された。この鳳翔での実験が功を奏し、日本の太平洋戦争開戦時には、アメリカを凌駕する空母大国になっていたのだ。

鳳翔は昭和7（1932）年に起きた上海事変※の際に、空母「加賀」などとともに上海沖に出撃、加賀の搭載機が中国空軍機を迎え撃ち、一機を撃墜させた。これは日本の海軍機が、敵機を撃墜した最初の例である。

●史上初の空母航空隊による大空爆

最新兵器である空母を、もっとも効果的に使用したのも日本軍である。

第二次大戦前には、まだ英米ともに空母をどのように使うべきか明確な方針を持っていな

※鳳翔は実験船のようなものだった
鳳翔が完成した当初は、日本海軍には空母から離発着できるパイロットがいなかった。そのため、イギリスの海軍大尉で三菱のテスト・パイロットだったジョーダンに模範指導をしてもらった。

※上海事変
昭和6年の満州事変を受けて抗日運動が高まっていた上海租界で起きた日中の局地戦争。日本人僧侶襲撃事件をきっかけに、日本軍と上海郊外に展開していた中国の19路軍が武力衝突。約2ヶ月にわたる戦闘の末、停戦協定が結ばれた。

空母「加賀」（昭和５年ごろ）。太平洋戦争、日本海軍の主力空母として活躍するも、昭和17（1942）年のミッドウェー海戦で沈没した。

かった。当時の海軍の王様は、何と言っても戦艦だった。空母はあくまで戦艦のおまけであり、その航空機をもって艦隊を守る程度の役割だった。しかし、日本軍はそれまでの常識を破り、空母を中心とした艦隊を編成し、空母から大規模な空爆作戦を行った。

それが真珠湾攻撃※なのである。

真珠湾攻撃では、加賀ら６隻の空母から３５０機という大編隊が発進し、無防備なアメリカ太平洋艦隊を急襲。アメリカ太平洋艦隊は戦艦５隻が沈没、３隻が大破し、基地内にあった４７９機の航空機が撃破された。米軍兵の戦死は２０００人以上に達している。空母からの空爆としては、第二次大戦を通じてこれが最大のものである。

空母から多数の爆撃機を発進させ、陸上を空爆するということは、今でこそ戦争の常套手段になっているが、これを初めて用いたのは日本軍だったのである。

真珠湾攻撃を企画したのは山本五十六《いそろく》※だと言われている。山本がこの計画を提出したとき、海軍では賛否両論だった。しかし、航空機の攻撃力を信じていた山本は、この計画を強引に実

※真珠湾攻撃
昭和16（１９４１）年12月16日、日本海軍の機動部隊がハワイオワフ島の真珠湾のアメリカ太平洋艦隊の基地に加えた奇襲攻撃。詳しくは本書１７８ページ。

※山本五十六
（１８８４〜１９４３）
大日本帝国海軍の連合艦隊司令官。海軍兵学校、海軍

■ **太平洋戦争前の日本軍とアメリカ軍の稼働可能な空母、戦艦の保有数**

	日本軍	アメリカ軍
保有する空母数	8隻	7隻
保有する戦艦数	10隻	17隻

行した。山本五十六が名将と称されるのは、空母による大空爆を実施したことによるのだ。

また山本に限らず、日本海軍は空母や航空機の重要性をすでに認めていた。それは太平洋戦争前の軍備を見れば明らかである。

上の表は太平洋戦争の開戦当初の日米両軍の空母の数をまとめたものだ。これを見ると、空母の数はアメリカ軍7隻に対し、日本軍8隻と上回っていたことがわかる。当時の日本とアメリカは比較にならないほど国力に差があった。限られた資源の中、空母の建造に力を注いだということは、日本海軍が海戦の主役が航空機になることを見越していたということだろう。

また戦艦との保有割合をみても、アメリカ軍は戦艦を空母の倍以上も持っていたのに対し、日本軍は空母を戦艦と同程度の数を揃えていた。これを見ても、日本海軍はアメリカよりもはるかに空母の重要性を認識していたことがうかがえる。

日本軍は太平洋戦争序盤、この空母の力で快進撃を続ける。アメリカが空母の力に気づき、日本に追いつき、逆転するのは太平洋戦争後半になってのことだった。

大学校とエリートコースを歩む。航空兵力の導入に精力的に活動し、真珠湾攻撃やミッドウェー海戦では総指揮を執った。昭和18年、航空機で前線視察にでかけたところ、暗号を解読していたアメリカ軍の航空隊に襲撃され、撃墜死した。五十六という風変わりな名前は、山本が生まれた当時の父親の年齢に由来する、とされている。

山本五十六

3

【世界的な名機、ゼロ戦はなぜ強かったのか?】

航空技術の粋が結集されたゼロ戦

●ゼロ戦に見る驚異的な航空技術

日本は、航空機の製造技術に関しても、世界でトップレベルに達していた。航空機の性能や製造数から見ても、アメリカ、イギリス、ドイツに次ぐ4番手には位置していたと考えられる。

日本の航空機製造技術の粋が凝縮されているのは、やはりゼロ戦（零式艦上戦闘機）である。

ゼロ戦は、第二次大戦前半期には最強の戦闘機とされていた。ゼロ戦が登場したとき、欧米の軍事専門家は、当初はその存在を信じなかったほどだった。

ゼロ戦は昭和15（1940）年の中国戦線で初めて投入されたが、わずか13機で敵の27機を全部撃墜するという衝撃的なデビューだった。なぜゼロ戦はこれほど強かったのか。その理由は大きくふたつ挙げられる。

ひとつは、戦闘機としては驚異的な航続距離があったこと、もうひとつは空戦性能※に優れていたことである。

※空戦性能
戦闘機同士の戦い、いわゆるドッグファイトのこと。

航続距離と、空戦性能というのは、実はまったく相反するものである。

空戦性能をよくするには、機体を軽くしなければならない。しかし、航続距離を長くしようと思えば、燃料を多く積まねばならないため、機体はどうしても大きく重くなる。また、空戦性能を上げようと思えば、大きな馬力のエンジンが必要になるが、エンジンの馬力が上がれば燃費が悪くなり、必然的に航続距離も落ちてしまう。

空母「赤城」から飛び立つゼロ戦

航続距離と空戦性能が両立した航空機というのは、長距離でも、短距離でも抜群の成績を誇る陸上選手のようなものである。そういう選手は現実にありえない。

しかし、ゼロ戦の場合、この相反する性能をどちらも世界最高水準にまで高めていた。当時の常識では考えられない戦闘機だったのだ。

●落下式燃料タンク、超々ジュラルミン…

ゼロ戦がなぜ世界最高水準の「航続距離」と「空戦性能」を持ち合わせることができたのか。

その理由のひとつが、「落下式燃料タンク」である。これは使い捨て燃料缶とでも言うべきもので、「増槽」などとも呼ばれていた。長距離を横行する場合、

待機するゼロ戦

機体に「増槽」をとりつけ、行きはその燃料を使い、目的地に近づいたら増槽ごと切り離す。すると機体は身軽になって戦闘できるのだ。

ゼロ戦のエンジンはそもそも燃費がよく、ゼロ戦本体の燃料タンクを満タンにすれば航続距離は２２２２キロだった。これに３３０リットル容量の「増槽」を取り付ければ、航続距離は３５０２キロにまで伸びた。当時の欧米の戦闘機の平均航続距離は、その半分にも満たなかった。いかにゼロ戦の航続距離が長かったかということである。

ゼロ戦が出現した当初、米英軍は、近くに空母が居るはずと思って、空母を探し回っていたという。しかし、この「増槽」は、すぐに欧米の戦闘機にも採り入れられることになった。現代のロケットは、打ち上げた後に燃料部分を切り離す方式をとるケースが多いが、もしかしたらこれも日本軍機の「増槽」にその起源があるのかもしれない。

ゼロ戦の驚異的な性能を可能にしたもうひとつの理由は、機体の軽さである。

海軍はゼロ戦をつくるにあたって、住友金属に「超ジュラルミン」※の性能を超える、新しい

※超ジュラルミン
ジュラルミンは、アルミニウムとマグネシウムや銅の合金。20世紀初頭にドイツで発見され、航空機用の健在として広く使用されていた。そのマグネシウムや銅の割合を増やし、強度を増したのが、超ジュラルミン。

合金の製造を依頼する。そして昭和11（1936）年に住友金属の五十嵐勇博士が作ったのが「超々ジュラルミン」だった。

　超々ジュラルミンとは、それまでの超ジュラルミンよりも強く、しかも超ジュラルミンよりも33％も軽かった。開発されたばかりの超々ジュラルミンは、ゼロ戦の主翼の一部に用いられ、それだけで30キロの軽量化を実現している。

東京・上野の国立科学博物館に展示されている「栄12型」エンジン

　さらにゼロ戦は、空気抵抗をより少なくするために沈頭鋲《ちんとうびょう》を採用していた。沈頭鋲というのは、「頭の出ていないネジ」のようなものである※。

　また、航空機の心臓ともいえるエンジンも優秀だった。ゼロ戦のエンジンは、中島飛行機製造※の「栄12型」※が採用された。だが、その採用の裏には、ゼロ戦制作陣の苦渋の決断があった。

　というのも、ゼロ戦を作ったのは、中島飛行機ではなく、三菱重工業だったからだ。当時、三菱重工業と中島飛行機はライバル関係にあった。三菱でもエンジンは製造していたので、ゼロ戦の製作陣も三菱製のエンジンを使いたかったはずである。しかし、三菱は社欲を捨てて、「栄12型」の採用を決断する。

※沈頭鋲の採用
当時、航空機の組立にはネジのような頭のあるリベットを使うのが一般的だったが、その頭部分で空気抵抗が生じるのを解消するために頭部分がなく、打ち込めば機体が平になる沈頭鋲を採用した。沈頭鋲はドイツの技術を応用したもので、ゼロ戦の前の機種である96式艦上戦闘機で初めて採用されている。

※中島飛行機
大正6（1917）年、海軍の機関将校だった中島知久平が海軍を辞めてつくった航空機メーカー。三菱重工業とこの中島飛行機で、太平洋戦争中の航空機生産の大半を担った。戦後、財閥指定を受け解体された。

※栄12型
空冷星形エンジン。14気筒、排気量2万7000CC、最高出力940馬力。

中島飛行機は優れたエンジン製造技術を持っていた。特にキャブレター（気化器）は世界最高水準に達していた。キャブレターというのは、ガソリンと空気を一定の比率で混ぜ、エンジンに供給する部分である。大空を縦横無尽に駆け巡る戦闘機は、急上昇や急降下で急激なG（重力）を受けることから、このキャブレターに不具合が生じることが多かった。

しかし、ゼロ戦のキャブレターは、飛行機がどんな状態でも安定して、燃料を供給することができた。そのため、ゼロ戦は常にその能力を最大限に使うことができ、空中戦で圧倒的な強さを示したのである。

●ドッグファイトに勝つための様々な工夫

ゼロ戦はドッグファイトに抜群の力を発揮したが、その要因の一つにパイロットの視界の広さがあげられる。

レーダー※がまだ十分発達していない当時では、ドッグファイトでは人間の視力が頼りであった。コックピットが機体に組み込まれたそれまでの戦闘機と違い、ゼロ戦はコックピットが機体から浮き出た形になっていた。そのため、それまでの戦闘機が前方180度しか見えなかったのに対し、ゼロ戦のコックピットは、360度見渡すことができた。

ドッグファイトというのは、敵に後ろに回り込まれると致命的である。後ろから機銃を打たれれば、撃墜される可能性が高いからである。そのため、ドッグファイトというのは、いかに敵に後ろを取らせないか、ということが重要なポイントとなる。

※レーダーがまだ十分に発達していない
欧米で戦闘機に搭載するレーダーの開発が本格化するのは、1930年代の終わりから。1940年代前半には徐々に戦闘機に搭載する機上搭載レーダーが実戦配備されるようになっていた。

ゼロ戦の操縦席

当時のドッグファイトでは後部の視界が開けているのと、そうでないのとではまったく違った。通常の戦闘機では、後方が見えにくいため、背後に回られても撃たれるまで気づかないことが多い。しかし、ゼロ戦の場合、パイロットの視界が後方までひらけているため、背後の敵を容易に見つけることができる。

ゼロ戦はこの視界の広さを持ってなかなか敵に背後を取らせず、また抜群の旋回能力を持って容易に敵の背後をついたために、ドッグファイト※で無敵を誇ったわけである。

またドッグファイトに勝つためには小回りの良さも重要な要因だが、ゼロ戦は小回りをよくするために「翼端ねじり下げ」という構造を持っていた。

「翼端ねじり下げ」とは、主翼が微妙にねじれている構造のことである。ゼロ戦の主翼は胴体から先端に行くに従って、前側が下を向いてねじれている。この「ねじり下げ」のために、ゼロ戦は小回りの利く急旋回ができ、失速せずに急上昇することができたのだ。

この「ねじれ」は、最大でも2・5度しかなく、一見しただけではわからない。そのため、アメリカ

※ドッグファイトで無敵
ゼロ戦が強かった他の理由に、攻撃力の高さも挙げられる。ゼロ戦には当時、抜群の攻撃力を誇った「20ミリ機銃」2丁が装備されていた。打ち出す弾丸の威力は高く、特殊な防弾装甲が施されたB・17も撃墜している。

軍は、戦争中、ゼロ戦を捕獲してもこの構造の秘密に気付かなかったという。

またゼロ戦は、小型戦闘機としては初となる引き込み式の主脚を採用していた。主脚というのは、離発着のときに用いる車輪のことである。主脚は離発着には欠かせないが、離陸後は、空気抵抗が増すために邪魔な存在でしかない。

だが、主脚を収納するスペースを確保するためには、機体を大きくしなければならないため、それまでの小型戦闘機では主脚を引き込むことがなかった。しかし、ゼロ戦の場合は、主翼が大きかったので、主翼の中に主脚を収容するスペースを作ったのだ。

ゼロ戦では、主脚の引き込みを片方ずつにして油圧装置を軽くしたり、尾輪※まで収納できるようにしたりなど、きめの細かい設計がなされている。手先の器用な日本人の本領発揮というところである。

ゼロ戦はまさに日本の科学技術を結集して作られたものだと言える。

※尾輪
尾翼の下につけられた小さな車輪のこと。

4

【連合国を驚かせたのはゼロ戦だけではなかった】

他にもあった優れた航空兵器

●真珠湾で大戦果を挙げた「九七式艦上攻撃機」

日本の軍用機というと、ゼロ戦にばかり目がいきがちだが、他にも優秀なものはたくさんある。なかでも中島九七式艦上攻撃機は、太平洋戦争前半の快進撃を支えた重要な航空機だった。

先ほどまで紹介してきたゼロ戦というのは「戦闘機」である。そして、これから紹介する中島九七式艦上攻撃機は、「艦上攻撃機」である。

「戦闘機」というのは、あくまで対航空機用のものであり、航空機同士の戦いをするものだ。戦闘機は、味方の攻撃機を護衛し、敵の航空機を撃墜するのが役目であり、戦闘機自体が敵の基地を爆撃したり、艦隊を攻撃することはほとんどない。戦闘機がいくら頑張っても敵の航空機が減るだけであり、「陣取り合戦」※の主役ではないのだ。

一方、「攻撃機」というのは、敵艦に魚雷攻撃をしたり、地上基地などに爆撃を行うものである。航空機による本質的な「戦果」は、この攻撃機が担っているといえる。

※「陣取り合戦」の主役ではない
ただし大戦末期には、アメリカ軍、イギリス軍、ソ連軍、ドイツ軍などの大馬力の戦闘機が、爆弾、ロケット弾などを積んで、陸上攻撃にも参加するようになった。そのため、大戦末期では戦闘機と攻撃機の境界が曖昧になっていった。

真珠湾で、アメリカの戦艦を実際に撃沈させた攻撃は、この中島97式艦上攻撃機が中心になって行ったものだった。真珠湾攻撃では中島九七式艦上攻撃機は143機が参加し、戦艦アリゾナを撃沈させるなど「主役」として活躍した。以降も機動部隊（空母艦隊）の数々の戦闘に参加し、大きな戦果をあげてきた。

日本軍が、航空機による艦船や陸上への攻撃について早くから研究してきたことはすでに述べたが、航空製造技術の面での研究成果となったのが、この中島九七式艦上攻撃機といえる。

中島九七式艦上攻撃機は、海軍の依頼で中島飛行機が昭和12（1937）年に完成させたものである。この当時は日本の航空技術が大いに伸長した時期であり、前機種である九六式艦上攻撃機に比べて、速度で100キロ以上、航続距離で400キロも性能が向上している。

中島九七式艦上攻撃機の最大の特徴は、魚雷、爆弾等の搭載能力が大きい割に、航続距離が長い、ということである。

開戦時、アメリカの主力攻撃機だったダグラスTBDは、搭載能力500キロ、航続距離1100キロだった。これに対し、中島九七式艦上攻撃機は、搭載能力800キロ、航続距離2100キロ。搭載能力、航続距離とも、中島九七式艦上攻撃機の方がはるかに勝っていた。

艦上攻撃機にとって、搭載能力と航続距離は両輪ともいえるものであり、中島九七式艦上攻撃機はそのふたつで圧倒的に優秀だったのだ。

日本は、この艦上攻撃機の分野では、常にアメリカを一歩リードしていた。

開戦してすぐにアメリカでは、グラマンTBFアベンジャーという新機種が開発された。グ

※天山（てんざん）
太平洋戦争末期に投入された中島飛行機製の艦上攻撃機。性能は優れていたが、空母が壊滅状態だったため、活躍できなかった。

艦上攻撃機「天山」

大空を飛ぶ中島97式艦上攻撃機

ラマンTBFアベンジャーは、搭載能力900キロ、航続距離が2400キロで、その性能は九七式艦上攻撃機の上をいっていた。しかし、日本もすぐさま後継機の「天山」※を開発。天山は搭載能力900キロ、航続距離2600キロを誇り、グラマンTBFアベンジャーのさらに上をいったのだ。だが、大戦後期には日本軍の空母自体が壊滅状態になっていた。そのため、せっかくの艦上攻撃機も活躍の場がなかったのだ。

●B29の3倍！ 幻の巨大爆撃機「富嶽」とは？

中島97式艦上攻撃機を開発した中島飛行機は、太平洋戦争中にある秘密兵器の開発を進めていた。その秘密兵器とは、日本を飛び立ち、直接アメリカ本土を爆撃するという、超長距離爆撃機「富嶽《ふがく》」である。

富嶽の特徴はなんといってもその巨大さで、「空飛ぶ要塞」と称されたアメリカ軍のB29よりもはるかに大きな機体を有していた。その大きさをたとえるならば、現在のジャンボ・ジェット機に匹敵するほど、といえばイメージしやすいだろうか。

開発した中島飛行機の総帥である中島知久平《ちくへい》※は、昭和5（1930）年、衆議院議員に立候補して当選し

※中島知久平
（1884〜1949）日本の政治家、実業家。群馬の農家に生まれ、海軍機関学校を経て、海軍に入隊。海軍時代にアメリカやフランスへ出張、欧米の進んだ航空技術を目の当たりにしたことで、海軍を退官し、群馬県太田市に中島飛行機を設立する。昭和5（1930）年には、衆議院議員選挙で当選。分裂した政友会の総裁に就任するなど、国政においても存在感を発揮した。

中島知久平

■ 富嶽とB29の比較

	富嶽	B29
機体の全幅	65メートル	43.1メートル
全長	45メートル	30.2メートル
重量	160トン	62.9トン
搭載エンジン	5000馬力×6基	2200馬力×4基
最高速度	680キロ	576キロ
爆弾積載量	20トン	9トン
航続距離	1万6000キロ	9650キロ

当摩節夫『富士重工業』（三樹書房）のデータより著者が作表

政治家にもなっていた。中島は、海軍が未だに大艦巨砲主義を捨てられないことを批判し、航空機に力を入れるようたびたび議会でも発言していた。

中島知久平は太平洋戦争のかなり早い段階から「日本から直接アメリカ本土を爆撃できるような長距離爆撃機が必要である」と見ていた。アメリカが日本本土を空襲するためのB29を開発していることを知り、先手をうつべしと考えたのだ。

しかし陸海軍ともに眼前の戦闘に目一杯で、中島知久平の構想には耳を貸さなかった。そこで、中島は自主的にこの富嶽の開発構想を進めた。中島の熱意が実り、昭和19年にはようやく陸軍省、海軍省、軍需省の三省共同で開発計画が開始された。が、間もなくB29の本土空襲が始まり、その迎撃が優先されたために計画は中止。しかし、開発自体はある程度進んでいたとされる。※

ゼロ戦など世界的にも高いレベルにあった日本の航空産業なので、もう少し時間と資源があれば、富嶽の開発にも成功していたかもしれない。

ちなみに、中島飛行機は終戦後、GHQから財閥指定を受け解体されたが、その資本と技術

※開発自体はある程度進んでいたとされる長距離爆撃機「富嶽」に関しては、終戦直後に関係資料はほとんど焼却されたため、その実態は明らかではない部分が多い。

の一部は、富士重工に受け継がれた。富士重工の社名※は「富嶽」からとったのではないか、とも言われている。

●なぜ日本は航空戦力に力を入れていたのか？

これまで日本軍は開戦前、欧米の先進国を凌駕するほど航空戦力を充実させていたことを述べてきた。

なぜ、日本はこれほど航空戦力に力を入れたのか？

その理由は、大まかに言ってふたつある。

ひとつは、日本軍部の中に「これからは航空機の時代」と考えた先見性のある軍人が意外と多かったということである。

そしてもうひとつは、ワシントン、ロンドンでの軍縮条約の影響である。

よく知られているように、大正11（1922）年に締結されたワシントン海軍軍縮条約※では、日本の戦艦などの主力艦の保有は、米英の6割までとされた。当時は、戦艦の保有数が戦争の趨勢を決めると考えられており、米英の6割しか戦艦が持てないというのは、日本にとって非常に不安なことだった。

この条約では、1万トン以下の艦船は対象外とされた。そのため、日本は1万トン以下の空母などを充実させた。しかし、1万トン以下の補助艦の建艦競争が激しくなると、昭和5（1930）年のロンドン軍縮会議※で補助艦にも制限が加えられることになった。日本の補助

※社名は「富嶽」からとったのではないか
前間孝則『富嶽～米本土を爆撃せよ』（講談社）より。

※ワシントン海軍軍縮条約
大正11年にワシントン会議で締結された軍縮条約。参加したのはイギリス、フランス、アメリカ、日本、イタリアの5ヶ国で戦艦の保有数（排水量基準）が、英米5、日本3、仏伊1・75（後に1・65に修正）とすることなどが決められた。

※ロンドン軍縮会議
昭和5（1930）年、イギリス、アメリカ、日本、フランス、イタリアの5大海軍国が参加した軍縮会議。日本ではこの会議の結果に海軍が反発し「統帥権の干犯」という言葉を持ちだして抗議した。この後この「統帥権の干犯」が脅し文句となり、内閣はしばしば軍部に屈するようになった。

■ **日本軍の保有航空機数の推移（※）**

	陸軍	海軍	合計
1912（大正元）年	—	1	1
1919（大正８）年	72	44	116
1923（大正12）年	153	171	324
1926（昭和元）年	267	216	483
1931（昭和６）年 —満州事変	267	363	630
1932（昭和７）年	267	385	652
1937（昭和12）年	549	1,010	1,559
1940（昭和15）年	1,062	2,173	3,235
1941（昭和16）年 —太平洋戦争開戦	1,512	3,260	4,772
1945（昭和20）年 —終戦	2,472	8,466	10,938

艦の保有は、米英の69・75％までと定められたのだ。

日本軍は、この条約の対象外であった航空機に力を入れ、英米に対抗しようとした。艦船での不利を補うための方便で始めたものが、逆に航空戦力で優位に立つことにつながったのである。

上表は日本軍の航空機の保有数の推移だが、これを見ると、ロンドン軍縮会議の直後から、急激に増えていることがわかる。

またこの時期は、ちょうど満州事変の勃発と重なっている。満州事変以降、中国大陸で戦闘を続けているうちに、航空兵力の重要性を認識したということもあるだろう。

中国大陸での戦闘では、アメリカなどの義勇兵の航空隊が多数、中国側に加担していた。日本軍は、そこで欧米式の航空兵力を垣間見て、その有用性を身に染みて知らされたものと思われる。そして、欧米に負けないような航空兵力を急いで準備したのであろう。

※図表の出典
山田朗『軍備拡張の近代史』（吉川弘文館）より筆者が抜粋。

5

ロケット技術も世界最高レベルだった

【誘導ミサイルの研究まで進めていた】

●世界最高レベルに達していたロケット兵器

あまり知られていないが、大日本帝国はロケット兵器においても高い技術を持っていた。

日本軍の航空技術が世界でも5本の指に入っていたことはすでに述べたが、ロケット兵器に関する技術はさらに上をいっていた。順位をつけるならば、世界第2位というところだった。

戦前、ロケット兵器では※ドイツが群を抜いて高い技術を持っていた。日本は元々、ロケットに関して高度な技術があった上に、同盟国ドイツの情報提供があったために、米英よりも高い水準に達していた。日本軍は、現在で言うところの「誘導ミサイル」の開発にさえ、すでに着手していたのだ。

日本軍のロケット研究は、昭和6（1931）年頃、陸軍科学研究所で始まった。

当初、ロケットというのは大砲の射程距離を伸ばすという目的で研究されていた。大砲の射程距離を伸ばす場合、砲身を長くしたり爆発力を高めることが考えられるが、それでは物理的

※ドイツのロケット兵器
第一次大戦で敗戦国となったドイツは、ベルサイユ条約によって航空機の開発研究を禁止されていた。そのためドイツは、ロケット兵器やジェット・エンジンなどの開発に力を注ぎ、第二次大戦でロケット兵器の実用化に成功。イギリスを無差別に爆撃したV1ロケット、V2ロケットは、現在でいうところの巡航ミサイルとも呼べるもので、イギリス市民を恐怖に陥れた。

日本軍のミサイル兵器「噴進砲」

に限界がある。そこで砲弾自身を飛行させられないか、ということでロケット研究が始められたのだ。

　ロケット研究は、その多くが実を結ぶ前に終戦を迎え、また極秘扱いだったために、現在、資料はあまり残されていない。

　しかし、昭和19（1944）年頃から、一部は実用化され、「噴進砲」※などが実戦に配備されている。噴進砲とは、後年のミサイルのようなものではなくバズーカ砲の原型のようなものだった。持ち運びも容易で操作も簡単ながら、大きな威力を持っていた。

　昭和20（1945）年2月から3月にかけて、硫黄島の戦いに噴進砲中隊※が配備された。

　噴進砲中隊は、上陸しようとするアメリカ軍にロケットを集中的に撃ち込んだため、アメリカ軍は上陸を一旦、延期せざるを得ないほどだった。硫黄島の戦いは、死傷者がアメリカ軍の方が多かったことで知られているが、その要因のひとつが、ロケット兵器だったのである。

●誘導ミサイルをすでに開発していた

※噴進砲［ふんしんほう］
昭和18（1943）年に大日本帝国陸軍で研究が開始され、翌年より実戦配備されたロケット砲。砲弾底には角度がつけられた6個の噴射口があり、ライフル弾のように回転して飛んでいった。弾頭には爆薬が積まれており、着弾すると内部の爆薬が爆発した。硫黄島では米軍に大きな損害を与えたが、弾数が少なかったため、瞬時に撃ち尽くしてしまったとされる。

※噴進砲中隊
砲40門、約130名という規模だった。

さらに驚くべきことに、当時の日本軍は現在で言うところの「誘導ミサイル」をすでに開発し、実用化にもう少しというところまできていたのである。

誘導ミサイルとは、ミサイル自らが電波等によって目的物に着弾するというものである。

それまでの近代戦においては、砲弾をいかに命中させるかが主要命題だった。砲弾の命中率を少しでも上げるために、軍人や科学者たちは血眼になって努力していたのである。しかし、誘導ミサイルというのは、「砲弾」自らが的に向かって当たっていくものであり、百発百中を可能にするものだった。兵器の概念を変えるものであり、究極の兵器ともいえるものだ。もちろん、相当のテクノロジーが必要であり、現在の科学でも、最高峰の技術を要する武器だといえる。

第二次大戦で連合国を恐怖に陥れたドイツ軍のＶ２ロケット。大戦後期には地上から送信する電波信号で目標へ誘導するシステムを搭載していた。

日本軍の誘導ミサイルは、昭和19（１９４４）年に海軍技術研究所で始まった。この誘導ミサイルは、「奮龍」と名付けられた。

当初は地対艦ミサイル※として想定されていたが、その後、B29の空襲が激しくなったために、B29対策として、地対空ミサイル※の研究に切り替えられた。

※地対艦ミサイル
地上から艦船を攻撃するミサイルのこと。

※地対空ミサイル
地上から航空機やヘリコプターなどを攻撃するミサイルのこと。

Ｂ29追撃のための「奮龍」は、Ｂ29が高度１万メートルを飛ぶため、そこまで届くように射程２万メートル以上（高度１万メートル以上）とされた。また速度はＢ29の約２倍の時速１１００キロ以上を目標とされた。

誘導装置については、テレビジョンの実験で有名な高柳健次郎博士※や、日本放送協会（現在のＮＨＫ）なども協力している。

昭和20（１９４５）年４月25日には、高松宮殿下や軍幹部が見守る中で、浅間山射場で発射実験が行われた。

この実験では、射程５キロで目標地点から20メートル以内の位置に着弾するという、当時としては大成功を収めている。Ｂ29に百発百中とまではいかなかっただろうが、もっと大きな目的物であれば命中する可能性が高かった。

さらにこの実験を進めた奮龍４型の発射実験が、昭和20（１９４５）年８月16日に予定されていた。もちろん前日に戦争が終結したため、この実験は行われなかった。

※高柳健次郎博士
（１８９９〜１９９０）
東京高等工業学校（現在の東京工業大学）付設工業教員養成所を卒業後、浜松高等工業高校（現在の静岡大学工学部）の助教授となり、テレビジョンの研究に従事する。大正15（１９２６）年、世界で初めてブラウン管による映像の送受信に成功し、「テレビの父」と呼ばれた。

6

世界一の魚雷を開発した

【欧米の先進国をもしのぐ、圧倒的な性能】

●魚雷先進国だった大日本帝国

第二次大戦当時、日本軍の持つ優れた兵器の中に、酸素魚雷というものがある。

魚雷は、当時、軍艦を攻撃するときにもっとも有効な兵器だったが、その魚雷の性能が並外れて良かったのである。

太平洋戦争時の軍事技術先進国といえばドイツやアメリカ、イギリスなどが挙げられる。

当時のドイツ軍の魚雷の性能は、速度44ノット※、射程距離6キロ、炸薬量500キロであった。

一方、イギリス軍の魚雷の性能は、速度46ノット、射程距離3キロ、炸薬量300キロ。アメリカ軍の魚雷の性能は、速度32ノット、射程距離8キロ、炸薬量300キロである。

対する日本軍の魚雷は、速度50ノット、射程距離20キロ、炸薬量500キロであった。速度、射程距離、炸薬量のすべてが世界最高水準で、射程距離にいたってはアメリカ軍の倍もある。

※ノット
速度の単位。1時間に1海里（1852メートル）進む速さ。

ガダルカナル島でアメリカ軍に回収された日本軍の酸素魚雷（九三式魚雷）。太平洋戦争中、アメリカ海軍司令部の外に展示されていた。

なぜこれほどまでに性能の違いがあったのか？
それは日本軍だけが、他国とは違う構造の魚雷を開発していたからである。
それが酸素魚雷※なのだ。

●酸素魚雷の威力

魚雷というものは、簡単に言えば、アルコールなどを燃焼させて得た熱エネルギーにより、推進するものである。燃料を燃やすためには、それまでは空気を使っていた。それを空気ではなく、酸素を使ったのが酸素魚雷である。

空気は、約8割が窒素で約2割が酸素である。燃料を燃やすときに空気を使えば、酸素の量が少ないので効率が悪く、吐き出された窒素が水泡となるため、魚雷の航跡がついてしまう。

しかし酸素だけを使えば、同じ容積でも5倍の熱エネルギーを得られ、しかも航跡がつきにくかった。

しかし、酸素魚雷には欠点もあった。

※酸素魚雷
燃料の燃焼を促進する酸化剤に酸素を使った魚雷。昭和8（1933）年に駆逐艦に搭載される九三式魚雷の開発に成功。2年後に潜水艦用の九五式魚雷が開発された。

酸素というのは油とまじわれば爆発しやすい。イギリスなどはその危険性のために、酸素魚雷の開発を諦めてしまっていた。日本軍は、酸素の通路から油気を徹底的に排除するなどして、その危険性を克服し、実用にこぎつけたのだ。

この酸素魚雷は、昭和17（1942）年2月に行なわれたスバラヤ沖海戦で本格的に投入された。この海戦では、酸素魚雷によって旗艦の軽巡洋艦デ・ロイテル、軽巡洋艦ジャワなどを撃沈している。連合国側は、これまでの魚雷の常識では考えられないほど遠い距離からの攻撃だったため、当初は機雷に触れたものと思っていた。

また昭和17（1942）年9月のガダルカナル戦※では、戦艦ノースカロライナを撃破し、空母ワスプを撃沈させるなどの戦果をあげた。

酸素魚雷は、戦争末期には人間が搭乗できるように改造され、特攻兵器「回天※」となった。

戦後、イギリスは酸素魚雷調査のための調査団を派遣し、旧日本海軍将校に命じ呉の海軍工廠で実射試験を行わせている。実射試験では、2万メートルの距離を40ノットで航跡を残すことなく疾走し、目標に一発で命中したことから、調査団を驚嘆させたという話も残っている※。

※ガダルカナル戦
昭和17（1942）年、ガダルカナル付近で行なわれた第二次ソロモン海戦の直後、日本海軍の潜水艦伊26が、アメリカ艦隊を酸素魚雷によって攻撃していた。

※回天（かいてん）
太平洋戦争末期に開発された初の特攻兵器。九三式魚雷を改造し、人が乗り込み、操縦できるようにした。

※調査団を驚嘆させた
碇義朗他『日本の軍事テクノロジー』（光人舎）。

7

実は自動車大国だった大日本帝国

【太平洋戦争では自動車を使った快速部隊が活躍】

●自動車を自国で製造

太平洋戦争では、トラックやジープで颯爽と移動するアメリカ軍に対して、日本軍はとぼとぼと徒歩で動いていたようなイメージがある。

しかし、実は大日本帝国は自動車の製造数や保有数では、太平洋戦争当時、世界有数の国だった。さすがに自動車大国アメリカには遠く及ばなかったが、世界的に見ればかなり進んだ自動車大国だったのだ。

日本の自動車産業の発展は、軍が主導したものだった。

日本軍の自動車への取り組みは非常に早かった。

ガソリン自動車※は明治3（1870）年に発明されているが、本格的に普及し始めたのは明治41（1908）年にアメリカのフォードがT型フォードを製造してからのことである。

日本軍は、その2年後の明治43年に、大阪砲兵工廠※で試作を開始し、翌年には2台のトラッ

※ガソリン自動車
ガソリン自動車以前に、石炭を燃料とした蒸気自動車がつくられていた。蒸気自動車は1769年にフランス軍の技術大尉ニコラ・ジョゼフ・キュニョーがつくった砲車が最初だといわれている。

クが完成している。これは「甲型自動貨車」と名付けられ、シベリア出兵の際には23台が派遣されている。

しかし、日本の自動車産業は、大正時代の終わりに大きくつまずく。

日本にアメリカのフォード社が上陸したのだ。フォード社は、大正14（1925）年、日本フォード社を設立し、日本での自動車の製造販売を開始した。また昭和2（1927）年には、GM社も同様に日本上陸を果たした。

日本で育ち始めた自動車メーカーは、これで壊滅的な打撃を受けてしまった。昭和5年から昭和10年まで、日本の自動車メーカーの普通乗用車の生産台数はゼロとなり、トラックや小型乗用車を細々と作っていたにすぎなかった。

明治後半には国産車も登場。写真は明治43年に国末自動車製作所が製造した国末号2号車（※）

昭和8（1933）年、陸軍は※熱河作戦の際に、初めて本格的な自動車部隊を投入した。熱河作戦では兵站が長いため、自動車による補給確保を試みたのだ。

この熱河作戦では、日本製のトラックのほかに、アメリカのフォード、シボレーのトラックも大量に購入して投入された。フォード、シボレーのトラックは、日本

※大阪砲兵工廠（おおさかほうへいこうしょう）
明治3（1870）年に、長州藩の大村益次郎の発案でつくられた陸軍の武器製造工場。主に砲弾や弾薬などを製造していたが、新兵器の開発なども行っていた。

※画像の出典
『1億人の昭和史14 明治・下』（毎日新聞社）より。

※熱河（ねっか）作戦
昭和6（1931）年の満洲事変の後、建国した満州国の領土確定のために遂行された作戦。満州国南東に位置していた熱河省に満州国軍、関東軍が侵攻。およそ3ヶ月で制圧した。

太平洋戦争緒戦では東南アジアに多数の自動車部隊が投入された。（※）

製よりもはるかに頑丈で性能もよかった。そのため部隊では日本製のトラックが支給されると残念がる、という状況が生まれていた。

●自国の自動車産業を保護

これに危機感を抱いた政府は、昭和11（1936）年に自動車製造事業法※という法律をつくった。これは「国の許可を受けた事業者しか自動車を製造販売してはならない」という法律である。そして、この自動車製造事業法では、許可を受けられる条件に「日本国に籍のある会社」という項目があった。

自動車製造事業法では、既存の外国企業にも自動車製造が認められてはいた。しかし、工場の拡張などは許されなかった。そのため、フォードやGMは日本から相次いで撤退していくことになった。

この法律で自動車製造の許可を与えられたのは、豊田自動織機（現在のトヨタ自動車）と日

※画像の出典
『決定版　昭和史10　太平洋戦争開戦』（毎日新聞社）より。

※自動車製造事業法
自国の自動車産業保護の目的に昭和11年に制定された法律。自動車製造は許可制となり、日本の企業以外は許可を受けられないことになった。

産自動車、東京自動車工業（現在のいすゞ）だった。許可を与えられた企業には税金の免除といった特典が受けられ、戦争が激しくなっても資材や人材が優先的に確保された。そのため、この3社は戦時中、大きな発展を遂げることになった。

こうした国の支援もあり、当初は評判が芳しくなかった国産車の性能は、徐々に改善されていった。昭和14（1939）年に開発されたトヨタGB型トラックなどは、フォード、シボレーに匹敵するとはいえないまでも、それなりの性能はあったという。

自動車製造事業法が施行された翌年の昭和12年には、トヨタが3000台、日産が1300台のトラックを製造している。トラックの製造台数は急速に増加し、昭和14年には1万台を突破した。太平洋戦争開戦の年である昭和16（1941）年には、トラックの生産台数はアメリカに次いで世界第2位、自動車の生産台数自体もアメリカ、イギリス、ドイツに次ぎ世界第4位にまでなっていた。

もちろん、製造された車は実戦に投入された。日本軍は最大時には7万3000台のトラックを戦地で使用していた。アメリカが太平洋戦線で使用したトラックは10万2000台だった。※当時の自動車大国アメリカと、それほど大きな差はなかったのである。

マレー作戦などの南方戦線の緒戦の大戦果は、日本軍の迅速な行動によるものが大きい。その迅速さを支えたのは、トラックなどの自動車でもあったのだ。

日本の自動車業界は、戦後に発展したと思われがちだが、実は戦前も日本は自動車大国だったのである。

※アメリカが太平洋戦線で使用したトラックは10万2000台
日本軍のトラック台数とアメリカ軍のトラック台数はいずれも『日本自動車産業史研究』（大場四千男著、北樹出版）の数値による。ちなみに、アメリカが第二次大戦全体で使用したトラックの数は30万台。

8 世界に先駆けていた日本軍の携行食

【兵隊の食料〝携行食〟にも科学の力が生かされていた】

●「乾パン」に詰まった日本軍の食糧技術

「日本軍と食べ物」というと、ガダルカナルやニューギニアの飢餓などの印象が強く、非常に貧困なイメージがある。

「日本軍は、補給をおろそかにしていたので、兵士は悲惨な目にあった」

という言われ方もよくされる。

しかし日本軍は決して糧食を軽視していたわけではない。むしろ、日本軍は食に関して非常に研究熱心だったのだとさえ言える。日本はアメリカのように豊富な食材はないし、経済力もなかったため、「なるべく安く栄養価の高いもの」を常に探し求めていたのだ。

その結果、日本軍の糧食は後世の目からみると、進歩的なものが多々あった。特に「携行食」というのは、科学的に見ても非常に優れたものだったのである。

昭和の陸軍では、川島四郎[※]という農学博士が軍部で軍用糧食の研究をしていた。

※川島四郎
（1895～1986）
陸軍経理学校に進学し、陸軍に入隊。陸軍軍人として東京帝国大学農学部に派遣され、糧食などの研究、開発を行う。

彼は昭和16（1941）年に「戦闘糧食に関する研究」という文書を発表している。これは近年、発掘されたものなのだが、当時の陸軍の糧食の内容、食に関する考え方がつぶさに述べられている。これを見ると、軍が食糧に関して並々ならぬ関心を抱いていることがわかる。

陸軍の携行食は、1日当たりおおむね3000※キロカロリーを摂取できるようになっていた。川島はこの文書の中で「兵士は1日4200～5100キロカロリーを必要とするが、持ち歩ける荷物には限りがあるので、少ないことは承知しているが3000キロカロリーにしている」と述べている。

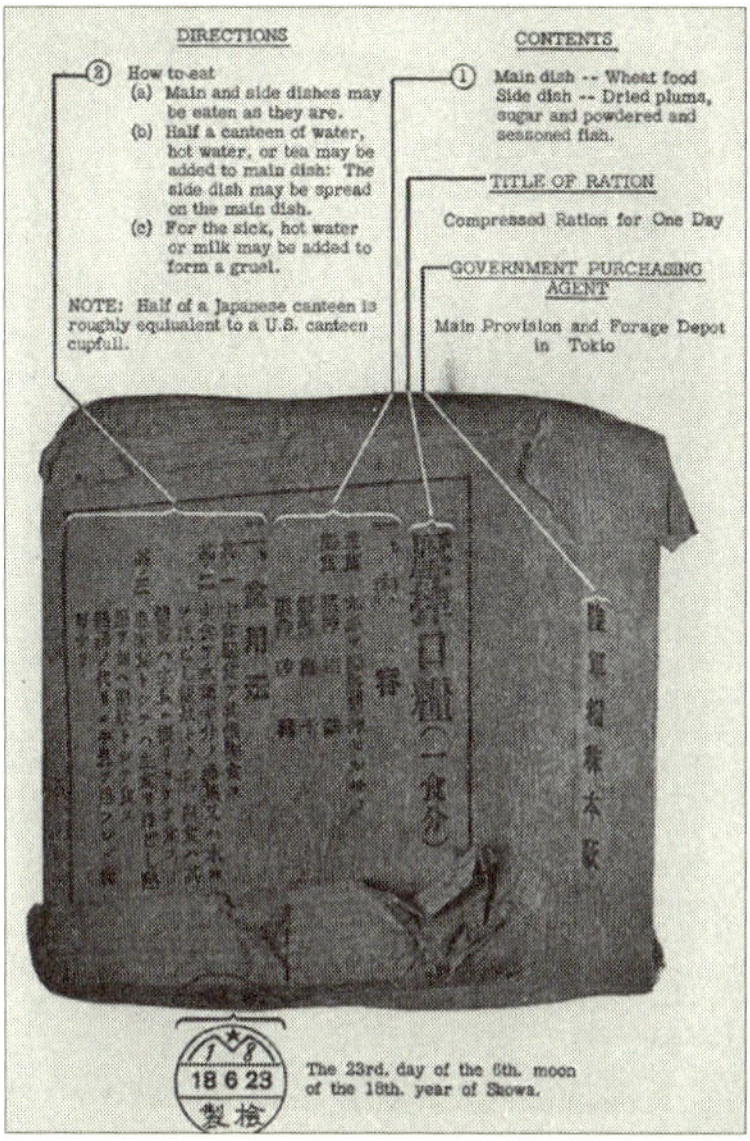

アメリカ軍の分析を受けた日本軍の携行食（※）

携行食というのは、行軍中や戦闘中で、炊事による食事がとれない時に食べるものである。戦闘中などは食事どころではないケースも多いはずだが、それでも3000キロカロリーを摂れるようにしていたのだ。

陸軍の携行食は、重量も工夫されていた。

兵士は自分の携行食は自分で持っていかなければならないので、なるべく軽いものが求められた。そのため、陸軍では缶詰などの容器を軽い

※3000キロカロリー　現代の成人男性1日あたりの摂取カロリーの目安（重労働をする人向け）は、20代が3550キロカロリー、30代が3500キロカロリーとされている。

※画像の出典　『Intelligence Bulletin』(Vol. III, No. 2: October 1944)より。

ものに代用するなどして軽量化を図った。そのため、もっとも新しい携行食では、1日分の重量は789グラム、包装の重量はわずか16・5グラムだった。

　そんな日本軍の携行食の代表的なものに、乾パンがある。

　乾パンというのは、西洋のビスケットなどをヒントに、日本人の口に合うように陸軍が開発したものである。現在でも非常食として使用されており、スーパーなどでも買えるので、ご存知の方も多いだろう。この乾パンは、持ち運びに便利で、長期間保存ができ、食べやすく、簡単に栄養を取ることを目的に、改良を重ねてつくられたものである。

　乾パンは1日分の定量が660グラムだが、それだけで2625キロカロリーが摂取できる。これに缶詰などの副食物を加えれば、3000キロカロリーが取れるということだ。

　乾パンは非常に堅いが、これは行軍や戦闘の際にも割れないようにするための工夫である※。

　また乾パンはあまり味がしないが、これも携行食としての工夫なのである。というのは、味をつけると飽きてしまうのだ。兵士の携行食の場合、何食も同じ食事をとらなければならないことも多く、食べ物に飽きやすいのだ。古くから常用食というのは、あまり味付けがない。それは飽きずに同じものを食べ続けるには、必要なことなのだ。日本のごはんでも、ごはんそのものには味付けはされない。

　兵士からは、乾パンを甘くしてほしいという要望も出されたが、甘い味付けをすると飽きてしまうので、乾パンそのものには味付けはせず、金平糖を添えることにした。

　このように乾パンには、日本軍の食に対する研究と工夫が詰まっているのだ。

※乾パンの堅さ
現在でも乾パンは堅いものと相場は決まっているが、注意書きにはよく「非常の場合はそのまま食べなさい、時間があるときは蒸したり、お湯に浸して食べなさい」といったことが書いてある。

この乾パンは、現在の陸上自衛隊※でもほぼ同じものが携行食として使用されている。また韓※国軍でも非常食として採り入れられている。

●世界初の総合ビタミン剤を携行していた日本軍

日本軍の携行食の最大の特徴は、「栄養補助食品」である。

驚くべきことに、日本軍は「特殊栄養食」と言われる栄養補助食品（サプリメント）を携行していたのである。もちろん、当時は世界のどこにもサプリメントなどはなく、日本軍独自のものである。

この「特殊栄養食」は、ビタミン不足を補うために開発されたもので、現在の総合ビタミン剤と同様の効用を持つものだった。

そもそもなぜ日本軍は世界に先駆けてサプリメントを開発していたのか？

陸軍では、日清、日露戦争時から兵士の脚気に悩まされていた。日清戦争では4000人もの兵士が脚気によって病死している。戦死が1100人程度なので、いかに脚気がダメージを与えたか、ということである。

そして脚気の原因について様々に検討され、伝染病

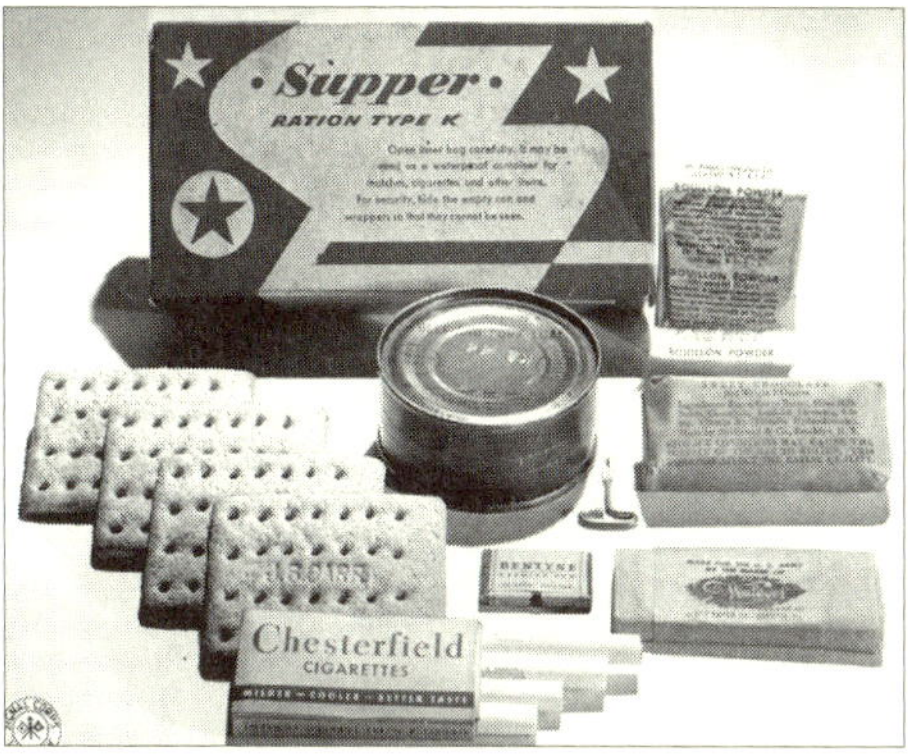

第二次大戦中のアメリカ軍の携行食「K-Ration」

※陸上自衛隊の乾パン
陸上自衛隊の乾パンは、旧陸軍が使用していたものとほぼ同じ、一口サイズの小型の乾パンである。陸上自衛隊では、乾パン150グラムと金平糖15グラムが標準の定量で、副食としてオレンジスプレッドとウィンナーソーセージ缶が付属している。

※韓国軍の乾パン
韓国軍も、旧陸軍や陸上自衛隊と同様に金平糖を添えて支給されている。

説などもあったが、最終的にビタミン不足によって引き起こされるということがわかった。※また、ビタミン不足は、脚気に限らず様々な病気を引き起こすこともわかってきた。

このビタミン不足を解消するため、日本軍は「特殊栄養食」を開発したのだ。

この開発を担当したのが、前述した川島四郎農学博士なのである。

当初は、ビタミンを携行食の中に添加するということが考えられた。しかし、ビタミンは酸化しやすく、熱にも弱く、変質が早いため、携行食に添加しても効果があまりなかった。

試行錯誤を重ね、濃縮卵黄に各種のビタミンを入れ、糖衣にして丸薬にするという方法がとられた。ビタミンAとビタミンDは脂溶性があるので、濃縮卵黄に非常にマッチしたのである。

この「特殊栄養食」の登場で、兵士たちの脚気などの疾病は激減したという。

アメリカ軍は、戦争中に日本軍の「特殊栄養食」を捕獲し、その成分を調べたところ、その完成度の高さに驚愕した。

そして、戦後、進駐軍のアメリカ武官が、川島のところに3度も研究資料として貸してくれるように頼みにきたそうである。川島は二度断ったが、「人類のために役立てる」と説得されて3度目に提供したという。

その後、アメリカ軍やNASAは、この「特殊栄養食」をヒントに、ビタミン剤やサプリメントを開発し、それが世界中に広まったのである。

※ビタミン不足によって引き起こされる
明治44（1911）年、都築甚之助博士や、鈴木梅太郎博士の研究により、脚気は栄養障害（ビタミン不足）によって起こるということが、ほぼ判明した。また同時期に米糠の有効成分（ビタミンB1）を抽出し製薬として販売されはじめた。

9 幻に終わった日本軍の超科学兵器

【マイクロ波を使った秘密兵器まで研究されていた】

●殺人光線…実は凄かった日本軍の科学力

日本軍は、殺人光線というSFの世界にしか出てこないような兵器も開発していた。

八木アンテナを開発した八木秀次は、大正15（1926）年に「所謂殺人光線について」という講演を行っている。

この講演の中で、八木は、「特殊な光線によって、自動車、飛行機の操縦を妨害したり、生物を殺傷したり、火薬を爆発させたりできる」と述べている。この光線というのは、強力な超短波を発生させるというものである。

この殺人光線は、昭和11（1936）に、陸軍登戸研究所※で本格的な研究を開始している。殺人光線というのは、超短電波（マイクロ波）を大出力で物体に照射すると、その物体の水の分子が振動し摩擦熱が起きる。その内部から発する熱で、その物体（生物）を破壊してしまうというものだった。簡単に言えば、人を強力な電子レンジにかけてしまおうというわけだ。

※陸軍登戸研究所
昭和14（1939）年に神奈川県の登戸（現在の川崎市）に作られた陸軍の研究所。正式名称は「第9陸軍研究所」。登戸にあったため、陸軍登戸研究所と呼ばれた。電子兵器や風船爆弾などの研究が行われた。

「殺人光線」は米軍のアクティブ・ディナイアル・システムの原型ともいえるものだった。

実はこの超短電波（マイクロ波）を大出力で発信する方法を発明したのは日本だった。昭和2（1927）年に東北帝大の岡部金治郎助教授が発明したのだ。そのため、日本ではこの分野での研究が進んでいたのである。

昭和20（1945）年には、10メートル先のウサギを※数分間で死に至らしめることができたという。しかし、人体に危害を加えたり、飛行機や自動車を破壊したりするには、非常に大きな電力を必要としたため、なかなか実用化には至らなかった。

空襲の激化のために、登戸研究所は長野県と兵庫県に分散疎開した。殺人光線の研究は長野県北安曇郡有明町（現穂高町）で続けられた。終戦前に直径10メートルの巨大な反射鏡も完成しており、なんとか電力の算段もつき、375メガヘルツ、1000キロワットの強力なマイクロ波で、低空飛行をするB29のエンジンをストップさせる実戦を兼ねた実験を行う計画も立てられていたという。

しかし、終戦にともないこの研究は中止される。もし、そのまま研究が続けられていたら、SFの世界のような「光線兵器」が作られていたかもしれない※。

終戦直後に訪日したアメリカの科学調査使節団は、日本の殺人光線研究について、大掛かり

※数分間で死に至らしめる
他に昭和15（1940）年には、数十メートル先の生物を殺傷する実験に成功していたという説もある。

※現代の光線兵器
電波兵器の研究はその後も世界で続けられており、2007年にはアメリカ陸軍が短波を皮膚に浴びせ、激痛を与えるという暴徒鎮

な調査を行った。その結果は、アメリカの新聞紙上で報じられ、アメリカ中を驚愕させたという。そして、詳細な調査報告が、アメリカの科学雑誌『エレクトロニクス』で紹介された。その記事では、日本が独自に開発したマグネトロン技術は、世界トップレベルだと賞賛していた。

この技術を応用したものが、戦後製品化された電子レンジなのである。

●風船爆弾の高度なテクノロジー

日本軍がすでに実用化した新兵器の中に「ふ号兵器」※というものがある。

和紙でつくった直径10メートルの気球に焼夷弾を積み、太平洋を越えてアメリカ本土を爆撃しようという、俗にいう「風船爆弾」である。

「アメリカが原子爆弾をつくっているときに、日本は風船でアメリカを攻撃しようとした。風船が原爆に勝てるわけはない」

風船爆弾はこのように揶揄されることが多い。もちろん、原爆に比べれば、風船爆弾の威力はものの数ではないだろう。

しかし、この風船爆弾には、当時、最先端の科学技術が詰まっているのだ。

なにしろ風船に爆弾を積み、太平洋を挟んで8000キロも離れたアメリカにたどり着かなければならないのである。風船爆弾には、当時最新鋭の「技術と工夫」が込められていたのだ。

風船爆弾はジェット気流※（偏西風）にのせて運ぶ計画だった。

しかし、それでもアメリカまでは二昼夜半もかかる。普通の風船ならば一日も持たずにしぼ

圧用のアクティブ・ディナイアル・システムを公開している。

※ふ号兵器
ふ号の「ふ」は、風船の「ふ」からとられたとされる。当時は風船爆弾ではなく、気球爆弾と呼ばれていたという話もある。

※ジェット気流
対流圏（地表から上空11キロまで）の上部に吹く強い偏西風。日本の気象学者である大石和三郎が世界で初めて発見した。

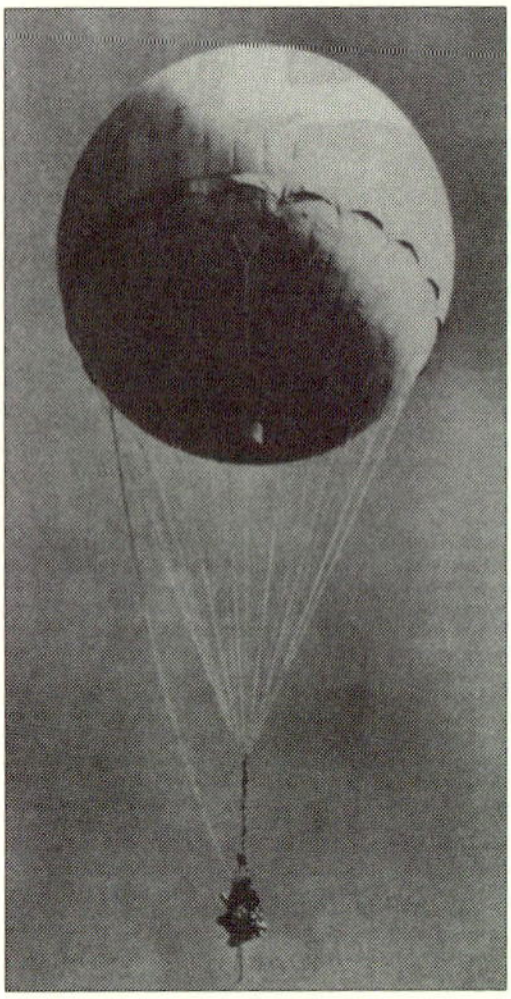
風船爆弾

んでしまうので、抜群の強度を持ったものを作る必要があった。

　また、風船爆弾が飛ぶ高度1万メートルは、気温がマイナス50度にもなる。上空では寒暖の差が激しいため、※気圧の変化にも対応しなければならなかった。

　その上、日本には物資不足という足かせもあった。必要な物資が手に入らない中で、こうした高い条件をクリアしなければならなかったのだ。

　しかし、日本軍は和紙をコンニャク糊で貼り合わせた風船を作り、中に水素を詰めることでこの難問を解決。高度を一定に保つために「高度維持装置」も開発した。高度維持装置には、重量2キロの砂嚢32個が括りつけられており、高度が下がると自動的に砂嚢を落とすような仕組みになっていた。肝心の爆弾は、５キロの焼夷弾4個と、爆弾1個が搭載された。高度維持装置などと合わせると、風船爆弾の重量は全部で２００キロもあった。

　気球は、焼夷弾や爆弾を自動的に投下するようになっており、全部投下し終わると気球全体が爆発するような仕掛けになっていた。これを全部、無人の気球が行うのである。

●アメリカが恐れた風船爆弾

※気圧の変化
気圧の変化は気球の大敵であり、当時はまだ24時間以上、高度を浮遊した気球はなかった。

昭和19（1944）年11月、風船爆弾の第一陣がアメリカに向けて飛ばされた。軍部は必死に風船爆弾の戦果を確認しようとしたが、なかなかわからなかった。昭和20（1945）年2月になって、ようやく中国の新聞がアメリカ連邦局の発表として「日本の文字が書かれた気球がモンタナ州カリスベル付近で見つかった」と報じた。また同時に、広東電報でも「ワシントン、およびモンタナよりの電報によると、被害は12月24日までにすでに死者500名を突破している」※と報じられた。しかしそれ以降、風船爆弾の報道はぱったりと途絶え、アメリカの被害状況はまったく知ることができなかった。

風船爆弾の高度維持装置。上部にはバッテリーが取り付けてあり、電動で下部にぶら下げた重りを外していった。

アメリカは、この風船爆弾の存在に当然、気づいていた。しかし、日本に被害状況を知られないために極秘扱いとし、新聞なども検閲し公表させなかったのだ。

風船爆弾は、実際にアメリカに到達し、死傷者も出していた。オレゴン州ブライ地区では遠足にきていた子供5人と引率の女性1人が風船爆弾を見つけ、触ってしまったために

※死者500名を突破
現在、風船爆弾での死者は6名とされている。当時、なぜこういう報道が出たのかわかっていない。

爆発し、全員が死亡している。

実はアメリカ軍は、この風船爆弾を極度に警戒していた。日本から風船をアメリカに到達させるというのは、並大抵の技術ではないことを知っていたからである。そして日本軍はもしかしたら、風船爆弾に細菌兵器を搭載するかもしれない、という危惧もあった。

実際、日本軍には風船爆弾に細菌兵器を乗せるという計画もあった。しかし、国際法に違反[※]することと、アメリカも同様の報復をしてくるかもしれないことから躊躇していたのである。

風船爆弾は、昭和20（1945）年の4月までに多い時で1日150個、総計9000個が打ち上げられた。しかし、アメリカ軍による本土空襲が激しくなり、気球関係の工場が次々と爆撃されると、4月以降の中止命令が出されたという。

戦後、アメリカ西海岸防衛参謀長のウィルバー代将は風船爆弾についてこう語っている。

「200個近くがほぼ完全な状態で発見され、75個の破片が別の地域で拾われた。また空中に発した閃光で、少なくとも100個の風船が上空で爆発したことを、人びとは観測している。内輪に見積もっても900個から1000個の気球はアメリカ大陸に到達している[※]」

日本軍の軍事テクノロジーがいかに優れていたかは、戦後の連合国の対応にも表れている。進駐軍は、風船爆弾も含め日本軍の兵器開発などの資料を徹底的に集め、押収している。

また、風船爆弾の研究もしていた陸軍の登戸研究所では、戦後、研究員の一部がアメリカ軍に雇われ横須賀の基地で研究を続けていた。彼らの中にはアメリカ本国に招聘された者もおり、他にも原爆の研究者などが、アメリカ本国に招聘されたという話も残されている。

※国際法に違反
アメリカ軍の日本本土への無差別爆撃や、原爆投下などは明らかに国際法違反。日本軍は国際法を遵守しなかったと戦後、散々叩かれているが、本当にそうだったのかは研究の余地がある。

※証言の出典
草場季喜「太平洋8000キロの〝飛び道具〟―「ふ」号兵器作戦の全貌―」『別冊1億人の昭和史　兵器大図鑑』（毎日新聞社）より。

第五章

実はボロ負けではなかった太平洋戦争

1

【難攻不落の真珠湾を創意工夫で攻略】
真珠湾攻撃で大戦果をあげた一番の理由

●日本海海戦に匹敵する真珠湾の大戦果

日本軍の歴史を見るとき、日露戦争までと太平洋戦争では、まったく正反対の評価をされることが多い。

「日本軍は日露戦争までは合理的、有機的に機能していたが、太平洋戦争では別の組織になったかのようにその性質が劣化した」

というような、である。

しかし日本軍は、日露戦争以降も決して劣化したわけではなかった。特に太平洋戦争前半は、日露戦争以上に健闘したとさえいえる。

なかでも開戦直後の真珠湾攻撃は、日本海海戦に匹敵する大戦果だった。

真珠湾攻撃は、日本軍がハワイ、オワフ島・真珠湾のアメリカ太平洋艦隊基地を襲撃。アメリカ太平洋艦隊の戦艦8隻のうち5隻を沈没させ、3隻を大破させたというものだ。基地内にあった航空機479機も撃破しており、アメリカ軍の戦死者は2000人以上に達している。この攻撃によって、アメリカ太平洋艦隊は、壊滅に近い打撃を受けたのである。

　この真珠湾攻撃を巡っては、しばしば「奇襲だったから、それだけの打撃を与えられた」などと言われることもある。

日本軍の攻撃で沈没する戦艦アリゾナ

　しかし、それが正しいかどうかは疑問である。

　そもそも、アメリカ側は日本がハワイ周辺を攻撃することを知っていた可能性がある。

　アメリカの諜報部は、日本軍のハワイ方面への奇襲を掴んでいたとされているし、元FBI長官のエドガー・フーバーも情報を得て、事前に大統領に進言していたともいわれている。映画「007」のモデルとされる※ドゥシャン・ポポヴは、真珠湾攻撃の情報をFBIに流したと回顧録に記述している。※真珠湾攻撃は〝奇襲〟ではなかったかもしれないのだ。

　では、アメリカは日本軍の奇襲を知っていて、わざと攻撃をさせたのだろうか。

　真珠湾攻撃を巡っては、戦中からアメリカの陰謀だったのではないか、とする見方もあった。アメリカ

※ドゥシャン・ポポヴ（1912〜1981）セルビア出身のスパイ。反ナチス活動をしているうちに、イギリス防諜部とナチス情報部の二重スパイとなる。二度の結婚歴があり、カジノ好きの派手なプレイボーイでもあることから、映画「007」のモデルともいわれている。

※真珠湾攻撃は、〝奇襲〟ではなかったかもしれないほかにも状況証拠は多々ある。たとえばアメリカ太平洋艦隊の空母3隻が、真珠湾にいなかった。また空母エンタープライズを要する第8機動部隊は真珠湾出航後、行動を秘匿し、24時間の哨戒を行なっており、国籍不明の船舶、航空機、潜水艦が発見された場合には、攻撃するといった命令が出されていた。つまり、当時のアメリカの太平洋部隊は事実上の戦闘状態にあったのである。

日本軍の攻撃で炎上する戦艦ウェスト・ヴァージニア

の国民は第二次世界大戦※への参戦を望んでいなかった。それを説得するために、わざと日本軍に真珠湾を攻撃させた、というのだ。

たしかに、そうした見方は一理あるかもしれない。しかし、仮に真珠湾攻撃を知っていたとしても、まさかここまでの打撃を受けるとは思っていなかったことだろう。

なにしろ、アメリカ側は太平洋艦隊が壊滅するほどの打撃を受けているのだ。いくら物量大国であったとしても、その損害を回復するのは容易ではない。事実、アメリカ海軍が太平洋で日本海軍より軍事的優位に立つまでには、真珠湾攻撃から2年もの歳月がかかっている。

それらを考えると、「アメリカは真珠湾を攻撃されることは知っていたが、被害はそれほどでもない、とたかをくくっていた」という可能性が高いと言えるかもしれない。

●実は難しかった真珠湾攻撃

※第二次世界大戦への参戦を望んでいなかった　アメリカは伝統的に孤立主義をとる傾向があり、1939年に始まった第二次世界大戦でも物資などの援助はしても、中立をとっていた。ルーズベルト大統領も戦争不参加を大統領選の公約にしていたほどだった。

アメリカは真珠湾攻撃を知っていたが、攻撃されても大した被害はない、と考えていたと思われる。

実際、真珠湾は航空機にとって非常に攻めづらい場所だった。

当時の航空機による戦艦攻撃のセオリー※は、魚雷であった。魚雷で船腹を破ることができれば、火薬庫を爆破させるなどして、大きなダメージを与えることができたのだ。

日本海軍の航空機から見た真珠湾。爆撃による水柱が上がっている。

しかし、真珠湾では構造上、それができなかった。

それまでの魚雷は、航空機から投下すると海中を60メートルほど潜って、そこからスクリューの力で浮き上がり、目標物に向かう仕組みだった。だが、真珠湾は水深12メートルしかない。目標に向かう前に、海底にぶつかってしまうのだ。

また、真珠湾の狭さも障害となった。航空機の魚雷攻撃は、高度100メートル上空から、目標物の1キロ手前あたりで投下するのがセオリーだった。しかし、真珠湾は湾内が最長で500メートルしかない。深さも距離も足らなかったのだ。

こうした厳しい条件を、日本軍は持ち前の創意工夫

※戦艦攻撃のセオリー　上空から爆撃するという方法もあるにはあったが、戦艦は装甲が厚いため、あまり効果が期待できなかった。

で突破する。

まず深さの問題を克服するために、昭和16年、日本軍は新たな魚雷「浅沈度魚雷」※を開発した。これは海軍の新型航空魚雷で、特殊なヒレをつけることによって魚雷の航行を安定させ、水深10メートル程度の浅瀬でも攻撃できる、という革新的な魚雷だった。

つぎに克服すべきは、真珠湾の狭さであった。

艦載機の搭乗員たちは、鹿児島県の錦江湾に集められ、猛特訓させられた。錦江湾と真珠湾はよく似た地形をしていたため、訓練にうってつけだったのだ。この猛特訓では、航空機が民家スレスレに飛行したため、鹿児島では語り草になったという。

新型兵器を開発し、搭乗員の操縦技術を向上させた日本海軍は、真珠湾攻撃で圧倒的な戦果を上げる。日本の航空部隊は狭い湾内を低空飛行で縦横無尽に飛び回り、次々と「浅沈度魚雷」を投下。失敗は少なく、その9割近くが命中したとされている。

この真珠湾攻撃の成功によって、太平洋戦争初期、日本軍は破竹の勢いで勝ち進んでいくことになった。真珠湾の大戦果は、日本人の特性である「努力と工夫」が最大限発揮された結果だったのである。

※浅沈度魚雷（せんちんどぎょらい）
日本海軍が開発した航空魚雷「九一式魚雷」のこと。発射後に空中で回転することを防ぐ角加速度制御システムを備えていた。高度20メートルからでも発射できたという。

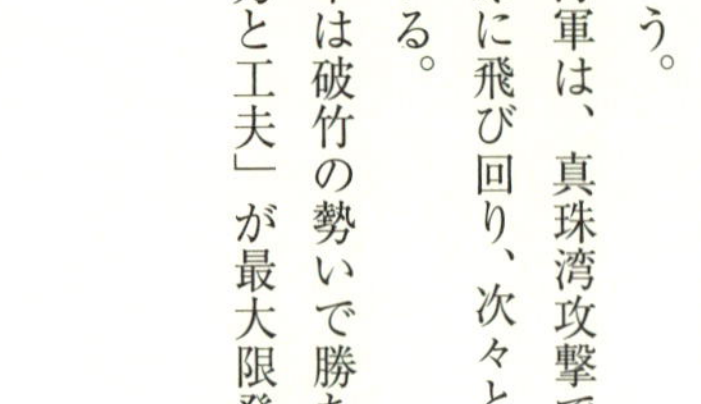
九一式魚雷

2

【戦史に残る大勝利だったフィリピンの戦い】

史上初めてアメリカ軍を降伏させた

●マッカーサーをフィリピンから追い出す

太平洋戦争では、アメリカは日本に歴史的な敗北を喫している。

その戦いとは、昭和16（1941）年のフィリピンの戦いである。

フィリピンは日本の南西3000キロにある島国である。1899年にアメリカの植民地になって以来、アメリカ軍の極東アジアにおける軍事拠点が置かれていた。

その兵力は、アメリカ軍とフィリピン軍を合わせて15万。なかでもアメリカ極東航空軍に配備されていた最新鋭爆撃機B‐17は、戦争になれば日本の脅威になると考えられていた。

日本軍は、大正12（1923）年の帝国国防方針※の改定でアメリカを第一の仮想敵国とした時から、このフィリピンの制圧を計画。真珠湾攻撃に合わせて、フィリピンに攻撃を開始したのである。

アメリカ軍もフィリピンが標的になることは十分承知していた。そのため、真珠湾奇襲の一

※帝国国防方針
大日本帝国の軍事戦略の方針を定めたもの。明治40年に初めて策定され、以降、3度改定された。

コレヒドール島で降伏するアメリカ軍

報が入ると、上空に戦闘機を飛ばすなどして、警戒していた。だが、アメリカ軍の戦闘機が給油のために降り立ったその時、※台湾基地から発進した日本軍の戦闘機がフィリピン上空に襲来する。

昭和16年12月8日の正午過ぎ、ゼロ戦などで構成された日本軍の航空部隊がフィリピン上空に襲来。クラーク飛行場、イバ飛行場などを次々と爆撃、アメリカ極東航空軍は兵力の半分以上を失った。

この2日後には、日本軍の航空部隊がマニラ湾内にあったアメリカ軍の軍港を空襲。これらの爆撃により、フィリピン周辺の制空権、制海権は日本軍が握ることになった。

空襲とほぼ同時に日本軍はバタン島、ルソン島に次々と上陸し、各地を制圧していった。

追い詰められたアメリカ軍は、マニラを捨て、フィリピン軍とともにマニラ湾の対岸に位置するバターン半島とコレヒドール島に移動した。しかし、怒涛のごとく攻め寄せる日本軍を止めることはできなかった。開戦から3ヶ月後の昭和17（1942）年2月22日、アメリカ極東陸軍司令官のダグラス・マッカーサーは司令部をオーストラリアに移すことを決断。3月11日

※台湾基地から発進した
台湾からフィリピンまでは約800キロもあり、当時の戦闘機の常識では、空爆など不可能だったので、アメリカ軍は台湾基地からの出撃はまったく想定していなかった。ところが、零戦では当時の常識を破る2000キロもの航続距離があり、台湾基地からのフィリピン空爆を可能にしたのである。

に、大勢の兵士を戦地に残したまま、家族を引き連れ、オーストラリアにわたってしまった。

司令官を失ったアメリカ軍は、急速に戦意を喪失。4月8日にはバターン半島のアメリカ軍主力部隊が降伏、そして5月7日、フィリピン全土のアメリカ軍※が全面降伏したのだった。

アメリカ軍が戦場において、軍の単位で降伏したのは史上初めてのことだった。

このフィリピンの戦いでは、アメリカ軍とフィリピン軍併せて約8万人が捕虜になった。アメリカ軍がこれほど多くの捕虜を出したのも、この戦いが初めてだった。

バターン死の行進。物資不足から多くの捕虜が犠牲になったとされる。

●バターン死の行進とは？

この捕虜たちは、悪名高い「バターン死の行進」を強いられることになった。

バターン死の行進とは、日本軍のバターン半島で捕虜にした7万6000人を炎天下のなか、収容所まで120キロもの道のりを徒歩で移動させ、多くの死者を出したというものである。捕虜たちは食べ物もろくに与えられず、日本軍はちょっとしたことですぐに捕虜を処刑したため、1万人近い死者が出たという。

※フィリピン全土のアメリカ軍
アメリカ軍の総数は、アメリカ軍3万、フィリピン軍12万の合わせて約15万。対する日本軍は約4万の兵力だった。ちなみに両軍の損害は、アメリカ側が戦死者2万5000、戦傷者2万1000、日本側は戦死者が4100、戦傷者が6800と、日本側の圧勝だった。

この「バターン死の行進」は非人道的な行為として、戦中から現在まで非難の対象となっている。日本軍がどのような非人道的な行為をしたのか、真相はわかっていない。ただひとつ言えるのは、「バターン死の行進」最大の要因はやはり捕虜が多すぎた、ということだろう。

米比軍の捕虜7万6000人に対して、当時、その方面にいた日本軍は3万人だった。日本軍は自軍の倍以上もの捕虜を抱え込むことになったのだ。気候や交通も悪く、しかも戦争中の中、自軍の食料を手に入れるだけでも大変なのに、捕虜の食料まで確保するというのは並大抵のことではない。

ただし、バターン死の行進の犠牲者に関しては異説もある。

アメリカ軍の主力はフィリピン人であり、フィリピン人捕虜は脱走した者も多かった。捕虜の扱いに窮していた日本軍は、捕虜の脱走には目をつむっていたので、逃げようと思えば、容易に逃げられたのだ。

そのため、実際の死者数は巷説されている1万人よりもずっと少なかったのではないか、とされている。アメリカ軍の記録でも、アメリカ人捕虜の死者は2300人となっている。

もちろん、だからといって日本軍の行為を全面的に擁護するつもりはないし、国際法に違反した部分については糾弾されるべきだと思われる[※]。ただ、アメリカ軍の捕虜が多すぎた、というのが、この事件の要因のひとつであることに間違いはないだろう。

※国際法に違反した部分についてはは糾弾されるべきだと思われる
バターン死の行進については、死者の数や日本軍の行為についても曖昧な点が多々あり、今後の調査が望まれる。

3

【アメリカ本土を潜水艦と水上機で攻撃】

史上唯一、アメリカ本土を空襲した

●アメリカ本土を砲撃していた日本軍

現在、世界一の経済大国として君臨するアメリカ。

アメリカがここまで繁栄したのは、近代になって欧州やアジアが戦乱に次ぐ戦乱を繰り返しているとき、唯一、本土に打撃を受けなかったことと無関係ではないだろう。欧州やアジアで血みどろの争いが繰り広げられた第二次世界大戦でも、アメリカ本国は安穏としていたのである。

しかし、そんなアメリカに、日本は太平洋戦争中、本土への直接攻撃を行っているのだ。

日本軍によるアメリカ本土の攻撃が開始されたのは、昭和16年12月の真珠湾攻撃から数ヶ月後のことだった。

日本軍はアメリカ本土の沿岸に潜水艦※を差し向け、アメリカ本土に砲撃を開始した。

昭和17（1942）年2月末には、日本海軍の伊号第十七潜水艦が、カリフォルニア州サン

※潜水艦を差し向け　潜水艦の一番の目的は、付近を通るアメリカ商船への攻撃だった。実際、潜水艦部隊は多くのタンカーや貨物船を撃沈させている。

タバーバラのエルウッド石油製油所を砲撃し、製油所の施設に損害を与えている。同年6月には、日本海軍の潜水艦がオレゴン州のスティーブン海軍基地の砲撃、これによりアメリカ軍の※兵士が1名負傷した。

こうした日本軍の砲撃に、アメリカはパニックに陥った。

なにしろ、本土の軍事基地が他国※に砲撃されることですら100年ぶり、というアメリカである。真珠湾攻撃の直後だったこともあり、日本軍が攻めこんでくるのではないか、と人々は疑心暗鬼に陥った。

カリフォルニア州サンタバーバラへの砲撃があった翌日には、日本軍の航空機が襲来したと勘違いした軍人※が対空砲火を撃ちまくり、落下した弾で3人が死亡するという事故が発生。日本軍上陸の誤報を聞いて心臓麻痺を起こした者までいたという。

●史上初のアメリカ本土空襲

太平洋戦争緒戦の日本軍の進撃に、アメリカの国民の士気も下がっていった。危機感を覚えたアメリカ政府は、日本の本土を爆撃し返し、盛り返そうとした。

アメリカ軍は同盟関係にあった中国の協力をとりつけ、空母ホーネット、空母エルウッドを日本近海に派遣。昭和17年4月、そこからB-25爆撃機を16機飛ばし、東京をはじめ、神奈川や愛知、兵庫などに爆弾を落とした。日本はこの爆撃によって、死者80名、負傷者400名を超す被害を受けた。

※アメリカ軍の兵士が1名負傷
第二次大戦でアメリカ本国の基地の兵士が負傷したのは、これが唯一の事例。

※他国に砲撃されることですら100年ぶり
1812年の米英戦争でイギリスの軍艦に砲撃されて以来のことだった。

※軍人が対空砲火を撃ちまくり
サンタバーバラへの砲撃があった翌未明、陸軍の防空レーダーが機影を感知。数時間後に赤く光る謎の飛行物体が確認されたことから、陸軍の沿岸砲兵旅団が砲撃を開始。高射砲を1400発以上も発射した。この一件はラジオで報じられたこともあり、各地でパニックに陥る者が続

こうなると、日本海軍も黙ってはいられない。ただちにアメリカ本土空襲作戦の検討を始めた。しかし、空襲すると言っても、アメリカのように大規模に艦隊を動かすわけにはいかない。また、これまでの砲撃でアメリカ側もかなり警戒を強めていた。

そこで軍は潜水艦と水上小型偵察機を使った作戦を考案する。海上から離着陸できる小型水上偵察機を潜水艦に積み込み、アメリカ沿岸まで潜航し、そこから水上機を飛ばして本土を爆撃しようとしたのだ。

昭和17年6月には日本軍の潜水艦がオレゴン州スティーブン海軍基地へ砲撃を行った。写真はその砲撃跡を調べるアメリカ兵。

昭和17年8月、作戦用に改造された※零式小型水上偵察機を搭載した※伊第二五潜水艦が、アメリカに向けて出発した。作戦に参加したのは、この零式小型水上偵察機わずか1機だけだった。

そして9月9日、ついに零式小型水上偵察機が太平洋からアメリカ本土へ飛び立つ。

攻撃目標はアメリカ西海岸の北部、オレゴン州の山林だった。都市部や軍事施設はすでに警戒が強められていたため、山林に焼夷弾を落とし、山火事を起こさせ、アメリカの国民を動揺させようとしたのだ。

出。「30、40機の飛行物体が現れた」、「陸軍は日本軍の航空機を墜落させた」などデマが飛び交うことになった。

※零式小型水上偵察機
潜水艦搭載用の水上機として、昭和15（1940）年に正式採用された。有名なゼロ戦（零式艦上戦闘機）と同じく「零式」と名がつくが、これは単に皇紀2600年（昭和15年）に採用されたからにすぎず、ゼロ戦とはまったく別の機種である。戦闘機最高速度246キロ、航続距離882キロ。

※伊第二五潜水艦
日本海軍の大型潜水艦の「伊15型」の一つ。排水量2198トン、航続距離は水上で約2万5000キロ、水中で約180キロ。乗組員94名。零式小型水上偵察機1機を搭載。

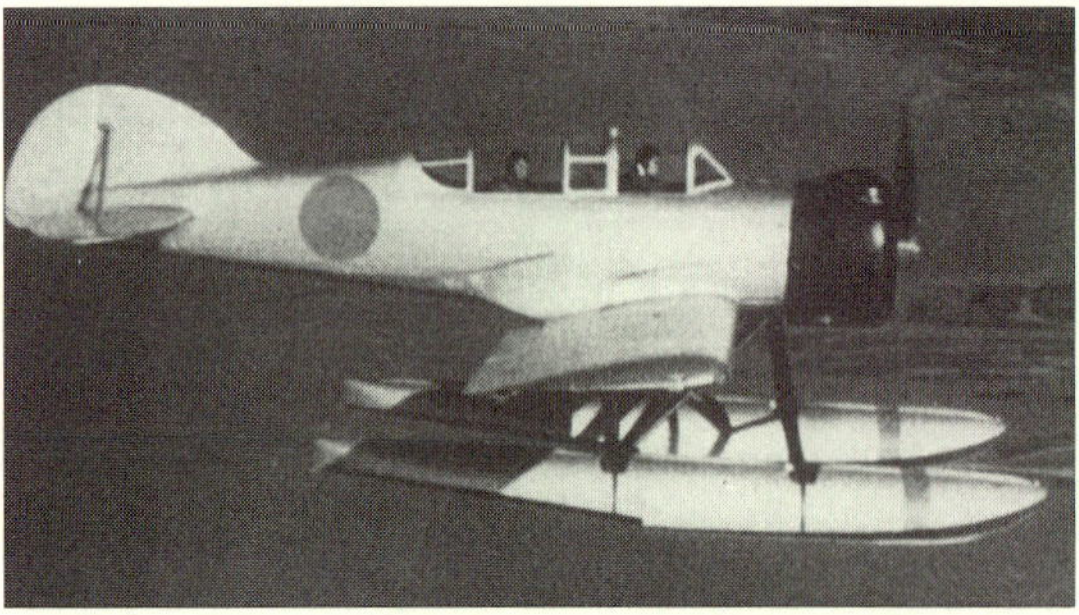

史上唯一のアメリカ本土空襲で使用された零式小型水上偵察機（同型機）

零式小型水上偵察機は、太平洋沿岸のブロンコ岬上空から侵入。そのままオレゴン州まで進み、目標の山林に焼夷弾を2発投下した。

9月29日には、2度目の空襲を決行。アメリカ軍の警戒の網目をつき、再び、オレゴン州の山林に焼夷弾を投下した。

いずれも山林を燃やすことはできたが、すぐに消えてしまい、大規模な山火事には発展することはなかった。しかし、この2度の空襲がアメリカの国民に与えた衝撃は大きく、西海岸の都市は日本軍の空襲に備えて、シェルターなどが作られることになった。が、この2度の空襲以来、アメリカ本国が空襲されることは一度もなかった。

なお、この空襲を行った日本海軍の藤田信雄※飛行曹長は、昭和37（1962）年に「史上唯一アメリカ本土を爆撃した英雄」として、オレゴン州ブルッキング市から式典に招待された。死の直前には、名誉市民の称号が贈られている。

※藤田信雄（1911～1977）
日本海軍の軍人。最終階級は特務中尉。アメリカ本土空襲後は偵察機のパイロットとして活躍、航空隊付教官などを務めた。戦後になり、ブルッキング市から敵軍の英雄として招待を受けるが、戦犯として裁かれるのではないかと思い、自決用の軍刀を携えて行ったという。

4

【イギリス軍が誇る東洋艦隊を壊滅させた日本軍】

イギリス艦隊を太平洋から駆逐する

●チャーチルに衝撃を与えたプリンス・オブ・ウェールズの撃沈

海戦に航空機を大掛かりに持ち込んだのは、日本軍が世界で最初だった。

真珠湾攻撃は言うに及ばず、イギリスの不沈戦艦とされたプリンス・オブ・ウェールズを葬ったのも航空隊である。

太平洋戦争開戦直後の昭和16（1941）年12月10日、プリンス・オブ・ウェールズは、日本海軍の航空隊の空襲によって沈められた。作戦行動中の戦艦が、航空機の攻撃によって沈められたのは、このときが初めてである※。

プリンス・オブ・ウェールズは、当時、世界最強の戦艦とさえ言われていた。

1941年に就航したばかりの最新鋭の戦艦で、アジアに回航される前にはドイツ軍とも互角以上の戦いを繰り広げていた。

イギリスがアジア地域に最新鋭の戦艦を派遣することは、まれなことだった。近代になって

※作戦行動中の戦艦が、航空機の行動によって沈められたのは初めて
その二日前に真珠湾でアメリカ海軍の戦艦アリゾナなどが撃沈しているが、これは作戦行動中ではなかった。だから「戦闘状態」だった戦艦が航空機に沈められたのは、このプリンス・オブ・ウェールズが初めてなのである。

アジアではイギリス軍を脅かすような存在はなかったからだ。しかし当時は日本が、東南アジアへの侵攻をちらつかせており、イギリスとしては何とかしてこれを食い止めたかった。そのため、ドイツとの戦いで苦戦を強いられているにも関わらず、あえてイギリス最強の戦艦をアジアに派遣したのだった。※

昭和16（1941）年12月10日、プリンス・オブ・ウェールズは、マレー沖に出撃した。日本軍のマレーシア上陸を阻止するためである。

プリンス・オブ・ウェールズはこのとき、護衛機を1機もつけていなかった。それが運の尽きだった。

これには、ふたつの理由が考えられる。

ひとつは、日本の航空隊がここまで攻撃しにこられるはずがないと思い込んでいたこと。当時の爆撃機は航空距離が限られていた。したがって一番近い航空基地から飛んだとしても、日本軍の爆撃機はプリンス・オブ・ウェールズを攻撃することはできない、と思われたのだ。

もうひとつは、航空機の攻撃だけで戦艦が沈没させられる、とは思っていなかったこと。これは、当時の海軍の常識から言えばまっとうなことだった。真珠湾攻撃の項目でも触れたが、

1941年に就役したイギリスの戦艦「プリンス・オブ・ウェールズ」。当時最新鋭の戦艦で、「不沈艦」と称された。

※イギリス最強の戦艦をアジアに派遣
この時、派遣された艦隊は戦艦プリンス・オブ・ウェールズ、巡洋戦艦レパルス、駆逐艦エレクトラ、エクスプレス、テネドス、ヴァンパイア（オーストラリア軍）の計7隻。

戦艦は厚い装甲で覆われている。停泊中ならともかく、航行中の戦艦が航空機に撃沈されたことなど、これまでなかったのだ。

しかし、この〝常識〟は、日本軍によって破られることになる。

●常識を覆した一式陸攻

当時の爆撃機の航続距離では、プリンス・オブ・ウェールズまで届くはずがない。航空機で戦艦を撃沈できるはずがない。

炎上するプリンス・オブ・ウェールズ（写真左手前）

このふたつの常識を、日本軍はある新兵器であっさり打ち破る。

その新兵器とは、最新鋭の攻撃機「一式陸攻※（一式陸上攻撃機）」である。

この一式陸攻の最大の特徴は、その航続距離の長さだった。一式陸攻は主翼内に燃料タンクを持つインテグラルタンクという特殊な構造をしていた。そのため、最大で4000キロもの大航続力を得ることができたのだ。

昭和16年12月10日午前、一式陸攻や九六式陸攻など合わせて84機がインドシナの基地から出撃。ほどなく

※一式陸攻
三菱重工業が製造した日本海軍の攻撃機。昭和16年6月に実践配備され、太平洋戦争の主力として活躍。航続距離が長く、旋回性にも優れていたが、防御に難があり、敵の戦闘機に捕まれば、あっけなく撃墜されてしまうことが多かった。そのため、一発で火がつく「ワンショットライター」というあだ名がつけられた。

一式陸攻

セイロン沖海戦で、沈没するイギリス軍の空母ハーミーズ

して日本軍の索敵機がイギリス艦隊を発見。巡洋艦レパルスに水平爆撃を開始する。続いて雷撃隊が高度30メートルの低空飛行で、プリンス・オブ・ウェールズに魚雷を発射、船腹から白煙が上がる。

イギリス艦隊も激しい対空砲火で抵抗するも午後2時3分に巡洋艦レパルスが沈没。プリンス・オブ・ウェールズも爆弾2発、魚雷7本を受け、午後2時50分に爆発を起こして沈没したのだ。

このマレー沖海戦は、イギリスのみならず、世界に大きな衝撃を与えた。

イギリスが誇る最新鋭の戦艦が日本軍の航空部隊の攻撃で撃沈させられたのだ。イギリスの首相チャーチルも、第二次世界大戦で最大の衝撃を受けたこととして、プリンス・オブ・ウェールズの撃沈を挙げている。

日本軍の航空部隊の快進撃はその後も続き、昭和17（1942）年には、※セイロン沖海戦でイギリス軍の空母「ハーミーズ」を撃沈させるなど大きな戦果を挙げ、イギリスの東洋艦隊を事実上、壊滅させた。そして、これ以降、海での戦いの主役は、戦艦から航空機へと代わっていくことになったのだ。

※セイロン沖海戦
昭和17年4月5日から4月9日にかけて、インド洋のセイロン島沖で行われた日本海軍の空母機動部隊とイギリス軍の東洋艦隊との海戦。イギリス海軍は空母ハーミーズ他、重巡洋艦2隻、駆逐艦2隻を失い、以降、太平洋戦争末期までインド洋での行動を控えるようになった。

5

【歴史に残る電撃作戦で〝世界最強の国〟を追いつめる】
イギリス軍を近代で初めて降伏させる

●イギリス軍を破った「マレー半島の戦い」

イギリスは陸上でも、日本軍に歴史的な敗北を喫している。

太平洋戦争の緒戦、日本軍はマレー半島、香港などのイギリス軍を攻撃、瞬時に壊滅させてしまったのだ。

東南アジアでのイギリス軍の敗北は「イギリス軍はアジアにあまり強い軍を置いていなかったから負けた」というように言われることが多い。確かに、そういう面もあるだろう。

しかし、イギリスとしても、自国の領地をそう簡単に渡そうとは思っておらず、防衛する腹積もりはあった。事実、この地域のイギリスの兵力は、それほど手薄というものではなかった。

日本軍のマレー半島上陸時、この地域でのイギリス軍の兵力は14万人だった。日本軍は3万5000だったので、4倍の兵力差があったことになる。イギリス軍は、現地軍やオーストラリア軍などとの寄り合い所帯※だったが、それでもイギリス兵だけで3万8000もおり、

※寄り合い所帯
各国の兵の内訳は次の通りである。
・イギリス本国軍
3万8000人
・オーストラリア軍
1万8000人
インド軍
6万7000人
・マレー義勇軍
1万4000人

イギリス領マレーのクアラルンプールに突入する日本軍

日本軍を上回っていた。つまりイギリス軍は、イギリス兵より少ない日本兵に敗れたのである。

　東南アジア全域の確保を目指して日本軍がマレー半島に進軍したのは、真珠湾攻撃と同日の昭和16（1941）年12月8日、まず陸軍の第18師団先遣隊がマレー半島西岸のコタバルに上陸し、続いて上陸作戦を専門とする第5師団※がタイに上陸した。

　怒涛の勢いで迫る日本軍に、イギリス軍は敗走を重ねる。作戦開始から2ヶ月後の昭和17年2月8日には日本軍はシンガポール島に上陸。シンガポールには難攻不落といわれた要塞が築かれており、連合国の合同司令部も置かれていた。しかし、日本軍が包囲し、水道管を爆破して水源地を失わせたことで、合同司令部はあっけなく降伏。日本軍は予定より1ヶ月も早くシンガポールを陥落させたのだった。

　この戦いでの両軍の死傷者は、日本軍が約1万だったのに対し、イギリス軍が8000と、イギリス軍の方が少なかった。しかし、シンガポールで8万人、マレーで5万人のイギリス軍（マレー軍を含む）兵士が投降。約13万人も捕虜を出して降伏したことは、大英帝国の栄光の

※第5師団
明治時代の広島鎮台を前身とする日本陸軍の師団。島根、広島、山口の出身者を中心に編成されていた。

歴史の中で、初めての屈辱だった。

またこのマレー作戦とほぼ同時に、日本軍は香港にも侵攻。1万の兵力を揃え、半年は持久できる備蓄があったとされるイギリス軍を作戦開始からわずか17日で降伏させた。

これは日本にとっても非常に大きなことだった。

シンガポール占領後、街を行進する日本軍

当時のイギリスの存在は、現在のそれとはまったく違う。第二次世界大戦前までのイギリスというのは、7つの海を支配する世界最強の国※だった。この勝利で、日本人は「あの大英帝国を討ち取った」と狂喜した。このことは長い間、列強の侵攻に苦しめられてきたアジア諸国にとっても大きな希望となったのだ。

●自転車による高速移動攻撃

南方戦線のマレー作戦では、銀輪部隊なるものが登場した。

これは自転車で行軍してくる部隊のことだった。マレー作戦では、最新鋭の機械化部隊である近衛師団1万2000人が参加していた。この近衛師団は、昭和16（1941）年12月23日に戦場に到着したのだが、

※世界最強の国
第一次世界大戦以降は、実質的にはイギリスよりもアメリカの力の方が強かったといえるが、アメリカの圧倒的な軍事力が世界に認められるのは、第二次大戦以降のことであり、まだ当時はイギリスが最強と考えられていた。

銀輪部隊。自転車を導入したことで、圧倒的なスピードで進軍した。

この行軍の際に自転車が使われたのだ。

近衛師団は914両の自動車を有していたが、すべての兵を移動させるためには数が足りない。そのため自転車を現地で調達し、歩兵の移動に使用したのだ。

マレー半島には、※舗装された道路も多かった。自転車を使えば、行軍速度は数倍になる。

また自転車は、戦車よりも優れている面もあった。戦車が通れないような狭い道でも自転車なら行くことができた。橋梁が壊されている場合も、浅い川ならば担いで渡ることができるし、深い川の場合は折りたたんで、舟艇で運ぶことができた。

この銀輪部隊の自転車は、ほとんどが熱さでタイヤがパンクしていた。集団で走行すると、戦車のような轟音がしたため、敵は戦車と勘違いして敗走することもあったという。

日本軍を偵察していたイギリス軍のS・チャップマン大尉は、銀輪部隊のことを次のように語っている。

「4、50人が自転車にのってやってきた。大声で話し合い、笑い、まるでフットボールの試

※舗装された道路も多かった　イギリスがマレー半島を植民地にしたのは、1826年。そのため、道路などのインフラ整備がある程度、整っていた。

合にでかけるようであった」

マレー作戦の成功の大きな要因として、日本軍の行軍の速さがあるが、これは銀輪部隊によ る部分も大きいのである。銀輪部隊の活躍は国民にも広く知られ、「走れ日の丸銀輪部隊」というレコードまで発売されている。

この銀輪部隊は、日本の工業力の発達を表したものでもあった。

当時の日本は、実は、自転車の製造台数、世界一だった。戦前の日本にとって、※自転車は機械輸出のトップであり、重要な外貨獲得アイテムでもあった。

※日本の自転車は明治時代から作られており、昭和に入ってから大躍進した。昭和３（１９２８）年には12万台だったのが、昭和８年には66万台になり、昭和11年には１００万台を超えた。それ以降、戦争が激化する昭和15年まで１００万台前後を誇っている。

日本の自転車は昭和12年当時25円前後で輸出されており、イギリスの半値に近い価格だった。イギリスは、日本製自転車の英領への輸出を関税などで阻止しようとしたが、日本の低価格攻勢はそれを楽々クリアしたのだ。

当時は、今ほど自動車が普及していなかったので、自転車は重要な交通手段だった。その重要な分野において、日本は世界一だったのである。

このときの銀輪部隊は、現地の自転車を調達したようだが、そのほとんどは日本で作られたものだった。そのため、日本人にとっては乗りやすく、修理も容易に行えたのである。

※自転車は機械輸出のトップ
昭和12年、自転車は機械輸出の16・18％を占め一位。二位が船舶の14・81％、三位が鉄道車両11・48、四位が自動車、自動車部品11・42％となっている。

※日本の自転車は明治時代から作られており
日本の自転車製造は、江戸時代の鉄砲鍛冶職人たちがはじめたものだといわれている。明治維新で職を失った彼らは、フレームなど鉄砲と共通する技術が多い自転車に目をつけ、まず修理業をはじめ、そのうち自転車製造をするようになったという。たとえば、現在も自転車メーカー大手である宮田自転車は、鉄砲鍛冶だった宮田栄助が、明治23年、自身の経営する宮田製銃所で自転車を作ったのが始まりである。

6 ゲリラ戦法でアメリカ軍を苦しめる

【ベトナム戦争にも引き継がれた日本軍の戦法】

●アメリカ軍を苦しめた日本軍のゲリラ戦法

太平洋戦争では、緒戦は日本軍の快進撃が続いたが、終盤はアメリカ軍の物量を前に為す術なく敗走を重ねた、という印象がある。

しかし、アメリカ軍は前半戦だけでなく、太平洋戦争終盤まで日本軍にさんざん悩まされていた。アメリカ軍が明らかな国際法違反※である日本本土の無差別空襲や原爆投下を行ったのも、その最大の要因は太平洋諸島での苦戦にあるのだ。

戦争終盤、日本軍はアメリカ軍の戦法を研究し、有効な戦法を考え出していた。

アメリカ軍の戦術というのは、非常に単純なものである。物量にモノを言わせ、砲弾、爆弾を雨あられのように降らせて、敵の戦闘能力を奪ってしまう。これは非常に合理的であり、近代戦争におけるセオリーでもある。

しかし、日本にはもちろんそれに対抗できる物量はない。

※明らかな国際法違反　軍事組織が遵守すべきことがらを定めた戦時国際法では、軍人と文民、軍事目標と民用物を区別せずに行う無差別攻撃は禁止されている。

では、どうすればいいのか？

日本軍は、太平洋戦争で劣勢に立たされて以降アメリカ軍に対する研究をつづけ、ある結論に至った。それは「ゲリラ戦」である。

もちろん、ゲリラ戦というのは、日本軍のオリジナルではなく古くから行われていた戦法のひとつである。日本軍はこれに専門性と組織性を加えた、独自のゲリラ戦法を編み出していたのである。

日本陸軍は、昭和18（1943）年から陸軍中野学校に各兵科から若い士官を受け入れ、「遊撃戦要員」として特別訓練を施した。

昭和19（1944）年には、本土決戦のための「遊撃戦」に向け、一期240人という大量の若手士官を陸軍中野学校に入学させ、特別訓練を行った。この特別訓練は静岡県の二俣で行われ、この地に置かれた訓練施設は陸軍中野学校二俣分校と称された。※

日本軍のゲリラ戦に、アメリカは散々手こずることになる。その代表的なものが、昭和19年9月から11月にかけて行われたペリリューの戦いだった。

太平洋戦争末期の昭和20（1945）年に行われた沖縄戦。各地で敗戦を重ねた日本軍だったが、ゲリラ戦に転じて、激しく抵抗した。

※陸軍中野学校二俣分校
この学校の出身者には、終戦後30年にわたってルバング島に潜伏していた小野田少尉などもいる。

●アメリカ軍を震撼させた〝ペリリューの戦い〟とは？

太平洋戦争終盤、日本軍はこれまでの研究を元に、独特のゲリラ戦法を編み出した。

上陸部隊を水際で食い止めることに固執せず、艦砲射撃や空爆に耐えられるように、地下に陣地を築き、戦力を温存しておく。そして、アメリカ軍が上陸してきてから、本格的な攻撃を仕掛ける。それも正面衝突の激しい戦闘はなるべく避け、安易な銃剣突撃も行わず、ゲリラ的な戦いに徹する、という作戦である。

この作戦を最初に本格的に実行したのは、※ペリリュー島での戦いだとされている。アメリカ軍を苦しめた戦いというと「硫黄島の戦い」が有名だが、この硫黄島の戦いの前に、そのモデルとなったのが「ペリリュー島の戦い」なのである。

ペリリュー島守備隊は、厚さ2・5メートルのコンクリートの中に、大砲や機関銃を隠すなど、※島内に強固な陣地を構築した。また洞窟などを利用して、島内を要塞化し、神出鬼没のゲリラ戦を繰り返して、アメリカ軍を散々苦しめたのだ。

ペリリュー島守備隊は1万1000の兵力しかなく、アメリカ軍は約3倍の兵力を有していた。アメリカ軍は戦艦5隻、巡洋艦8隻を投入するなど、物量で圧倒していた。

昭和19年9月、アメリカ軍2万8000がペリリュー島制圧を目指して上陸してきた。当初、アメリカ軍はこの島を2、3日で攻略するつもりだったといわれる。しかし、日本軍は激しくそれに抵抗。アメリカ軍は大いに苦戦し、攻略させるまでに2ヶ月以上もかかった。この戦いでの死傷者は、※両軍ほぼ同数だった。

※ペリリュー島
南太平洋のパラオ諸島の南部に位置する島。面積13平方キロメートル。

※島内に強固な陣地
日本軍は左写真のような防御陣地を作り、米兵を苦しめた。

日本軍の防御陣地

日本軍は司令官の※中川州男《くにお》大佐が自決した後も、※一部の兵士がゲリラ戦を続行し、終戦2年後の昭和22（1947）年4月にようやく投降した。

ペリリュー島守備隊は、その戦闘ぶりが高く評価され、昭和天皇から嘉賞11度、感状3度が与えられた。このペリリュー島守備隊の戦法はその後の日本軍の戦い方の手本となった。硫黄島やフィリピン、沖縄でもこの戦法が用いられ、アメリカ軍は多大な犠牲を強いられることになったのだ。

ペリリュー島へ上陸する米兵。日本軍は二度にわたって上陸を撃退した。

●ベトコンに引き継がれた日本軍の戦法

ベトナム戦争でも、物量では圧倒的に勝るアメリカ軍に対し、ベトナム兵（いわゆるベトコン）はジャングルを最大限に生かしたゲリラ戦を展開し、アメリカ軍を徐々に追い詰めていった。

このベトコンのゲリラ戦術は、実は日本軍が教えたものだったのである。

ベトナム軍の創設には、日本軍が大きく関与している。太平洋戦争終結後、東南アジア戦線にいた日本軍兵士の一部は帰国せずに残留し、現地国の独立戦争に義勇兵として参加した。ベトナムでも700人から

※両軍ほぼ同数
日本軍の戦傷者は合計で約1万900（戦死1万700、負傷者200）、アメリカ軍の死傷者は約9800（戦死者約1800、負傷者約8000）だった。

※中川州男
（1898〜1944）
日本陸軍の将校。アメリカ軍のペリリュー島侵攻時の司令官。中国戦線に動員された後、陸軍大学校を経て、歩兵第二連隊長としてペリリュー島に赴いた。アメリカ軍との2ヶ月にわたる攻防の末、自決。

※一部の兵士
山口永少尉以下34名は、洞窟、地下壕などに身を潜めてゲリラ戦を行った。

ベトナム戦争で、ベトコンの拠点とされる村をナパーム弾で焼き払うアメリカ軍。ベトコンのゲリラ戦にアメリカ軍は大いに苦しめられた。

800人の日本兵が残留したとされる。

その中でも代表的な人物といえるのが、陸軍少佐だった石井卓雄※である。

石井はベトナム軍の顧問のような形で居残り、ベトナムの士官養成学校である「クァンガイ陸軍中学」※の教官を務めるなど、ベトナム軍の基礎的な養成に尽力した。

この石井卓雄は秘密戦、遊撃戦のスペシャリストだった。秘密戦、遊撃戦というのは、いわゆるゲリラ戦法のことである。この技術をあますところなく、ベトナム人に教え込んだのである。石井は日本軍の師団司令部の了承を得た上で、ベトナム軍に参加していた。言ってみれば、旧日本軍の使命として、インドシナ戦争※に参加したということである。

旧日本兵は石井卓雄のクァンガイ陸軍中学に限らず、ベトナム各地の軍養成機関で、中心的な役割を果たした。たとえばベトナム北部のバクソン軍政学校の教官にも数名の日本人が入っていた。また日本人教官から学んだクァンガイ陸軍中学やバクソン軍政学校の卒業生たちは、対アメリカ戦争では、ベトナム軍の中心的な役割を担った。

※石井卓雄
（1919～1950）
日本陸軍の元将校で、太平洋戦争中はビルマ戦線、カンボジア戦線などにいた。戦争終結後、自分の所属していた第55師団の有志で義勇軍を結成し、ベトナム独立戦争（第一次インドシナ戦争）に参加した。石井は招集兵はなるべく帰国させ、職業軍人を中心に義勇軍を作ったという。石井らの残留日本兵グループが参加した第308小団は精強部隊と謳われた。昭和25（1950）年、フランス軍の地雷により戦死したとされている。

※クァンガイ陸軍中学
クァンガイ陸軍中学には、18歳から25歳くらいまでの中学卒業者400人が集められた。100人を一大隊として4大隊に分けて訓練が行われた。4大隊ともに

実際、ベトコンの戦法と、日本軍が硫黄島などでとっていた戦法は驚くほど似ている。地上での正規軍同士の正面衝突はできるだけ避け、相手の攻撃中は、地下奥深くに避難して被害を最小限度に食い止める。そして縦横無尽の地下陣地を構築し、昼夜を問わず、ゲリラ的に攻撃を仕掛けるのである。

1960年に始まったベトナム戦争では、アメリカ軍は土地の形が変わってしまうほど爆弾を投下した。にも関わらず、空爆が終わればベトコンがどこからともなく湧いてきて、側面や後方から狙撃してくる。追い詰められたアメリカ軍は村々を焼き払ったり、枯葉作戦でジャングルを丸裸にするなどの暴挙に出た。しかし、それでもベトコンを仕留めることはできない。そのうち、アメリカは世界中から轟々たる非難を浴びせられ、ついに根負けして撤退したのだ。

ベトナム戦争で日本軍の影響が大きかったことは、ベトナム政府の態度にも表れている。ベトナム政府は、残留日本兵の労に報い、1990年代には日本に帰還した旧日本兵たちに勲章を与えている。第二次大戦の敗戦国である日本の兵士に、後年、他国が勲章を与えたというのは非常に珍しいケースである。

教官は日本人だった。当時のベトナムでは初等教育すら満足に行われておらず、中学卒業者はエリート中のエリートであった。その大切な人材の教育が日本人の手にゆだねられたのだ。

※インドシナ戦争
1946年から1954年にかけて行われたベトナムと旧宗主国フランスの戦い。戦いの結果、ベトナムはフランスを撤退させることに成功したが、国土が南北に分断され、1960年から1972年まで続くベトナム戦争（第二次）に突入することになった。

7

【謎のベールに包まれた陸軍のスパイ養成機関】

陸軍中野学校とは何だったのか？

●スパイ養成機関〝陸軍中野学校〟

陸軍中野学校※というのは、日本が諜報部員を育成するために作った学校である。諜報部員というのは、いわゆるスパイのことである。

諜報部員というのは、以前からいたが、諜報部員を養成する正式な機関はなかった。第一次大戦以降、戦争は高度化、複雑化し、各国は諜報活動にも力を入れるようになった。日本でも、諜報部員育成の必要が叫ばれるようになり、昭和13（1938）年、「後方勤務要員養成所」がつくられた。これが陸軍中野学校の前身である。そして昭和15（1940）年に陸軍中野学校と改名した。

陸軍中野学校は欧米の情報機関に比べればはるかに規模も小さく、活動も限定的だったとされる。

日本の諜報機関は欧米列強に比べて、かなり出遅れており、長く日本には統一※した諜報機関

※陸軍中野学校
工作員や秘密戦要員としてつくられた陸軍の学校。昭和13（1938）年、「後方勤務要員養成所」としてつくられ、昭和15（1940）年に陸軍中野学校と改名した。教科の内容や、卒業生の人員なども秘密にされている部分が多く、その存在は今もベールに包まれている。

もなく、国として情報共有ができなかった。太平洋戦争前後、国が一貫した外交姿勢を貫けなかったのも、情報収集の面での立ち遅れが大きな要因といえる。陸軍中野学校の卒業生の間では「陸軍中野学校の設立が10年早ければ戦争は起きていなかった」といわれているという。

　この陸軍中野学校は、とにかく謎に包まれている。

明治40（1907）年頃の陸軍士官学校。少数だが、この学校を卒業した者の中にも陸軍中野学校に入った者がいるとされる。

　諜報学校という性質上、学校の内部や出身者などの情報は、漏らさないのが原則である。そのため、中野学校の実情に関しては、様々な憶測を呼んでいる。戦後、日本で何か大きな事件が起きると、「これは中野学校の仕業ではないか」と言われることもたびたびあった。たとえば、下山事件※に関しても、陸軍中野学校の出身者が行ったのではないか、とされる説も根強くある。

　陸軍中野学校とは、実際はどんな学校だったのか？

　陸軍中野学校に入学するのは、予備士官学校や下士官などの中から、優秀なものが選抜されるということが多かった。

　予備士官学校というのは、大学や高等学校、中学

※統一した諜報機関もなく軍の各部隊が独自に諜報部のような部署を設置し、各々で情報収集にあたっていたのが現状だった。

※下山事件
昭和24（１９４９）年、当時の国鉄総裁下山定則が常磐線の綾瀬駅付近で轢死体で発見された事件。当時、国鉄は組合との激しい労働争議の真っ最中であり、自殺説、共産党員の暗殺説、ＧＨＱの謀殺説など様々な憶測を呼んだ。司法解剖でも、東大が「死後轢断」、慶大が「生体轢断」と見解が分かれた。決定的な原因は不明のまま、最終的に警視庁は「自殺」として処理した。

下山定則総裁

校の卒業生が幹部候補生の試験を受けて入学する学校である。士官学校ではないので、純粋培養のエリートではないが、それなりに社会経験を積んだ者が入ってくるケースが多かった。この予備士官学校をベースに、陸軍中野学校の入学者が集められたのである。※

彼らは入学すると同時に背広が支給され、軍人ではなく普通の社会人然として生活していた。学生は自分たちの身分を隠すのが当たり前であり、妻子にさえ陸軍中野学校の学生だったことを隠している者が多いという。

陸軍中野学校で行なわれていた授業は、「国体学」「謀略」「宣伝」「諜報」「偵察」「破壊」「偽《ぎ》騙《へん》」「通信」「暗号」「薬物の致死量調べ」など多岐に及んだ。また封筒を開封する技術なども教えられた。封筒を開封し中身を複写した後、まったく痕跡を残さずに原型に戻すのである。この技術は実際に使用され、戦争前、外国公館などの信書はほとんどが日本軍によって開封されていたという。

また外国語の習得も必須であり、英語、ロシア語、中国語、マレー語、ペルシャ語などがカリキュラムに入っていた。外国の事情を知ることも必須となっており、世界各国の文化、風俗、歴史も学んでいる。

陸軍中野学校では、各国の文化や風俗を理解しなければ、諜報はできない、ということから、非常に自由な校風を持っていたという。現存する資料によると、昭和20年でさえ、授業の一環としてアメリカ映画「風と共に去りぬ」※を鑑賞したという記録がある。

また陸軍中野学校では、「卒業」という制度がなかった。

※陸軍中野学校の入学生数こそ少ないものの、陸軍士官学校の卒業生も若干はいたとされる。

※「風と共に去りぬ」を鑑賞　昭和20年2月9日のことで、陸軍中野学校の出身者、斎藤津平氏のノートに記されていた。斎藤氏によると教官に連れられ、東宝の砧撮影所の試写室のようなところで見せられたという（斎藤充功『陸軍中野学校の真実』角川文庫より）。

スパイにとって、自らの履歴を残すことは禁忌であったため、「卒業」ではなく「退校」という形で学校から出て行ったのだ。退校後の彼らは、欧米や東南アジア、太平洋地域に派遣され、現地の司令官の指示に従い、会社員、技術者、公務員など偽りの職業について、スパイ活動を行っていたのだ。

●陸軍中野学校の〝戦後日本の奪還計画〟とは

陸軍中野学校の資料によると、陸軍中野学校では終戦時に戦後日本の再建計画が練られていたという。

これは陸軍中野学校富岡校※で作られていたものだ。

内容は次のようなものである。

「占領軍が日本国民の意に反して国体の変革を強行したり、組織的な残虐行為を行なった場合や、国際法などに違反する行為を行なった場合、陸軍中野学校の出身者が特別な方法で、これに警告を与えたり、秘密組織を作って抵抗する」

「ただし、地下武力組織とはせず、あくまで平和な市民生活を営みつつ、占領軍の政策を監視し、対応を研究する」（中野校友会編『陸軍中野学校』）

この計画は、終戦の2日前に陸軍大臣の承認が下りたが、「占領軍の推移を見守る」ということで発動はされなかったという。

しかし、もし発動されていたとしても、それは隠ぺいされるはずなので、本当に発動されて

※陸軍中野学校富岡校　その名称の通り、当初は中野にあった陸軍中野学校だったが昭和20（1945）年4月、空襲の激化にともない群馬県富岡町に疎開していた。

いないのかは今も闇の中である。

また終戦直前の陸軍や中野学校の間では、さらに壮大な計画もあったようである。連合国に降伏する日本政府を見捨て、満州に亡命政権を作り、満州で再起を果たし、いずれ日本を取り戻す、というのである。

荒唐無稽のように思われるかもしれないが、陸軍の一部では実際にこの計画に沿って動いていた者もいるのである。

その生き証人が、かの小野田寛郎少尉である。

※小野田寛郎《ひろお》少尉とは、前述した陸軍中野学校二俣分校出身の陸軍の工作員である。小野田少尉は終戦間近に特殊任務のためにフィリピンのルバング島に潜入し、日本が降伏した後も30年に渡ってルバング島に潜伏していた。

なぜ小野田少尉は、30年間もルバング島に潜伏していたのか？

それは小野田少尉が、ルバング島に長期潜伏するような指令を受けていたからだ。

小野田少尉が上官から指令された特殊任務とは、次のようなものだった。

「日本はこのままいけば連合国に降伏する。そして日本にはアメリカの傀儡政権ができるだろう。我々は満州に亡命政権を作り、いつか日本の傀儡政権を倒す。それまで貴官はこの地（ルバング島）に何年でも潜伏し、ゲリラ戦を展開してくれ。そのうち必ず迎えに来る」

陸軍は終戦時に、南方や中国各地に小野田少尉のような「残置諜者」※を残したという。小野田少尉の他にも、昭和30年にフィリピン・ミンドロ島から帰還した残留日本兵もいる。

※小野田寛郎
（1922〜）
日本陸軍軍人。中学卒業後、商社に就職。上海で働いていたが、正規兵として軍に入隊。陸軍甲種幹部候補生に合格し、予備士官学校を卒業後、陸軍中野学校二俣分校に入る。終戦間際の昭和19（1944）年12月、遊撃隊指揮の任務を受け、ルバング島に赴任。終戦後も任務解除の報が届かなかったため、以降、29年にもわたって孤独な遊撃戦を続けた。

※残置諜者
日本軍が撤退などをするときに、その地に残しておくスパイの事。長期間、潜伏させ諜報活動、ゲリラ活動などに従事させたとされるが、その実態はよくわかっていない。

小野田少尉は部下3名※とともに、終戦してからも、ルバング島で〝戦争〟を続けていた。

もちろん小野田少尉グループには、食糧の補給などはないので、ジャングルで狩猟をしたり、木の実をとるなどして食いつないでいた。時には住民の食料や家畜を奪ったり、彼を捕えようとしたフィリピン軍兵士などを殺害したこともあった。

フィリピン政府は、何度もルバング島に「日本は降伏したので投降しろ」というビラを配ったが、小野田少尉はまったく信じようとしなかった。敵の謀略だと思っていたのだ。フィリピン政府はこの「日本の敗残兵」の対処に困り、日本政府に事態の収束を依頼した。日本政府も、どうにかして小野田少尉を呼び返そうとした。小野田少尉の家族がルバング島に入り、拡声器で呼びかけたり、家族の手紙をビラにして撒いたりもした。それでも、小野田少尉は信用せずに投降しなかった。※

しかし仲間がすべて死亡し孤独感を感じていた昭和49年、小野田少尉の噂を聞いて、ルバング島にやってきた日本人の青年と接触し、「日本はすでに降伏していること」「日本は急速に復興していること」「日本では皆、小野田少尉のことを心配しているこ

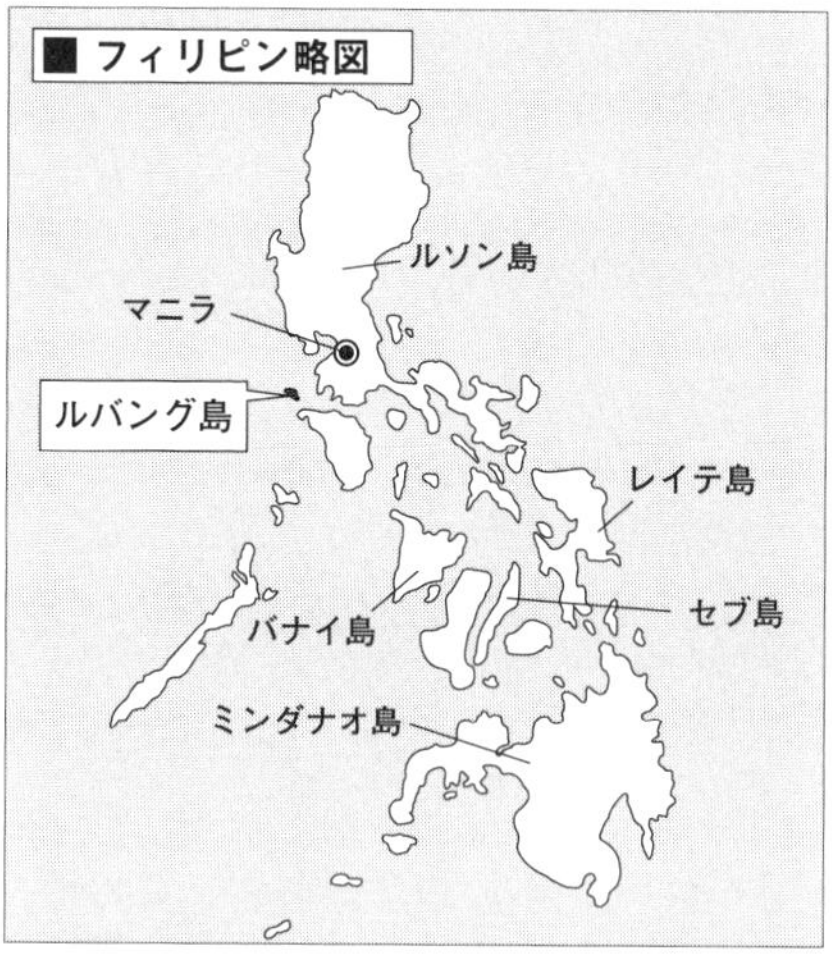

小野田少尉が潜伏したルバング島は、長さ30キロ、幅10キロの広さ。首都マニラから150キロの距離にある。

※部下3名
部下3名のうち1人は投降し、2人は潜伏中に死亡していた。

※小野田少尉捜索隊
捜索隊は、わざと日本の新聞をおいていき、日本が変わったことを知らしめようとした。しかし、小野田少尉は、日本の新聞が報じる祖国の発展ぶりに目を見張り、ますます「日本が降伏したというのは嘘だ」と思うようになってしまった。

と」などを聞かされる。

この日本人は鈴木紀夫※といい、屈託のない戦後生まれの若者だった。

冒険旅行として、小野田少尉に会いに来たわけである。常に周囲に警戒を怠らない小野田少尉も、この鈴木紀夫の無防備で率直な態度に心を開き、写真まで撮らせた。

そして、小野田少尉は「今、帰国するわけにはいかないが、上官から任務解除命令がでれば帰国する」と言った。鈴木紀夫は、このメッセージを日本政府に伝え、政府はすぐさま当時の上官だった谷口義美少佐を現地に向かわせ、「任務解除」を行った。

ここで、ようやく小野田少尉の戦争は終わったのである。

※鈴木紀夫（1946〜1986）冒険家。アジアをヒッチハイクで放浪した後、昭和47年に、日本の敗残兵がいると聞いてルバング島に向かい、昭和49年に小野田少尉との接触に成功、小野田少尉の帰国のきっかけとなる。昭和61年、ヒマラヤで雪男を探す冒険の途中で遭難し死亡。

第六章

なぜプロジェクトは失敗したのか？

1 太平洋戦争の目標は達成していた

【陸海軍の作戦計画はすべて実現していた日本軍】

●戦争に勝つのは「正しい国」ではなく「強い国」

これまで、本書では大日本帝国という「プロジェクトの成功」について検証してきた。大日本帝国は明治維新時点での領土を欧米から侵攻されていないので、広い意味で見れば、プロジェクトは成功だったといえる。しかし、それは相当に「広い意味」で捉えた場合である。

太平洋戦争で、国土の多くを焼け野原にされ、莫大な人的犠牲を出したことを見ると、やはり大日本帝国の〝失敗部分〟にも触れなくてはならないだろう。

敗戦の原因を語る時、必ず言われるのが「日本は民主主義じゃなかったから負けた」というものである。

しかし、これは絶対に間違いである。

第二次世界大戦は、「民主主義とファシズム※の戦い」という言い方をされる。「正義の民主主義が、悪のファシズムに勝ったのだ」と。これは勝者側があとから無理やりこじつけた論理に

※ファシズム
極右の全体主義的、国家主義的な政治体制。国家のためならば個人の犠牲は許されるといった考え方。

過ぎない。

そもそも、第二次世界大戦は、「民主主義とファシズムの戦い」というような構図ではなかった。日本もドイツも、第二次大戦前に普通選挙を実施しており、建前の上ではすでに民主主義の形態をとっていたのである。当時は、普通選挙を実施している国は、まだごく少数であり、日本もドイツも、世界的に見れば非常に民主主義が進んだ国だったのである。

ヨーロッパを混乱に陥れたナチス（国家社会主義ドイツ労働者党）も、国民の選挙によって第一党に選ばれた政党だった。

たとえば連合国の主要メンバーだったソ連も、※民主主義とはほど遠い国だったし、日本やドイツよりもはるかに強固な「全体主義国家」だった。中国も当時はおろか現在でも※普通選挙は実施されていないのである。連合国側が民主主義を代表していたわけではないし、民主主義が勝利したわけでもないのだ。

戦争というのは、勝者に都合のいいように語られがちである。

「戦争に勝った国＝正義の国」というような図式になってしまう。

しかし、戦争に勝つのは、「正義の国」ではない。強い国である。

※民主主義とはほど遠い国
当時のソ連は、スターリンの独裁政治が行なわれており、数十万人の単位の国民が粛清などで虐殺されている。

※中国の選挙
中国では国家の中枢の人事は共産党内で決められており、国民に開かれた選挙で決められるものではない。

日本がアメリカに負けたのは、アメリカが正しい国だったからではなく、アメリカが日本より戦争に強い国だったというだけである。

また「日本は悪い国だったから戦争に負けた」という解釈は、後世の我々にとって何の教訓ももたらさない。

会社が倒産した時に、「あの会社は悪い会社だったから倒産した」などと分析するエコノミストはいないはずだ。その会社がなぜ倒産したのか、詳細で具体的な要因を探るはずである。

大日本帝国の敗因を語る本は、たくさんあるが、その多くは非常に大雑把な解釈で終わっている。「大日本帝国という国の制度がダメだった」という具合である。

悲惨な敗戦をしたのだから、ダメな部分も当然あるだろうが、なぜダメだったのか、どのようにダメだったのか、ということを詳細に検討しなければ、後世の教訓にはまったくならないのである。この章では、なるべく具体的に敗戦の要因を追究していこうと考えている。

●太平洋戦争での作戦目標はすべてクリアしていた

太平洋戦争で、日本軍はまったく計画性のないその場しのぎの戦いをしていたかのようなイメージがあるが、それは間違いである。

日本軍は、かなり以前から※アメリカを仮想敵国にして作戦を練ってきたし、太平洋戦争の前にも綿密な作戦計画が練られた。

そして実はその作戦計画はほぼ100点の出来で短期間に達成されているのである。

※アメリカを仮想敵国
明治40（1907）年に最初の帝国国防方針が定められた時から日本はアメリカを仮想敵国に想定（第一はロシア、第二はアメリカ、第三はフランス）していた。

太平洋戦争直前に策定された作戦計画「対米英蘭戦争ニ伴フ帝国陸軍作戦計画」では、戦争の目標は香港、タイ、ビルマの一部、マレー、シンガポール、スマトラ、ジャワ、ティモール、ビスマルク諸島（ラバウル等）、モルッカ諸島、セルベス、ボルネオ、フィリピン、グアムを占領することになっていた。

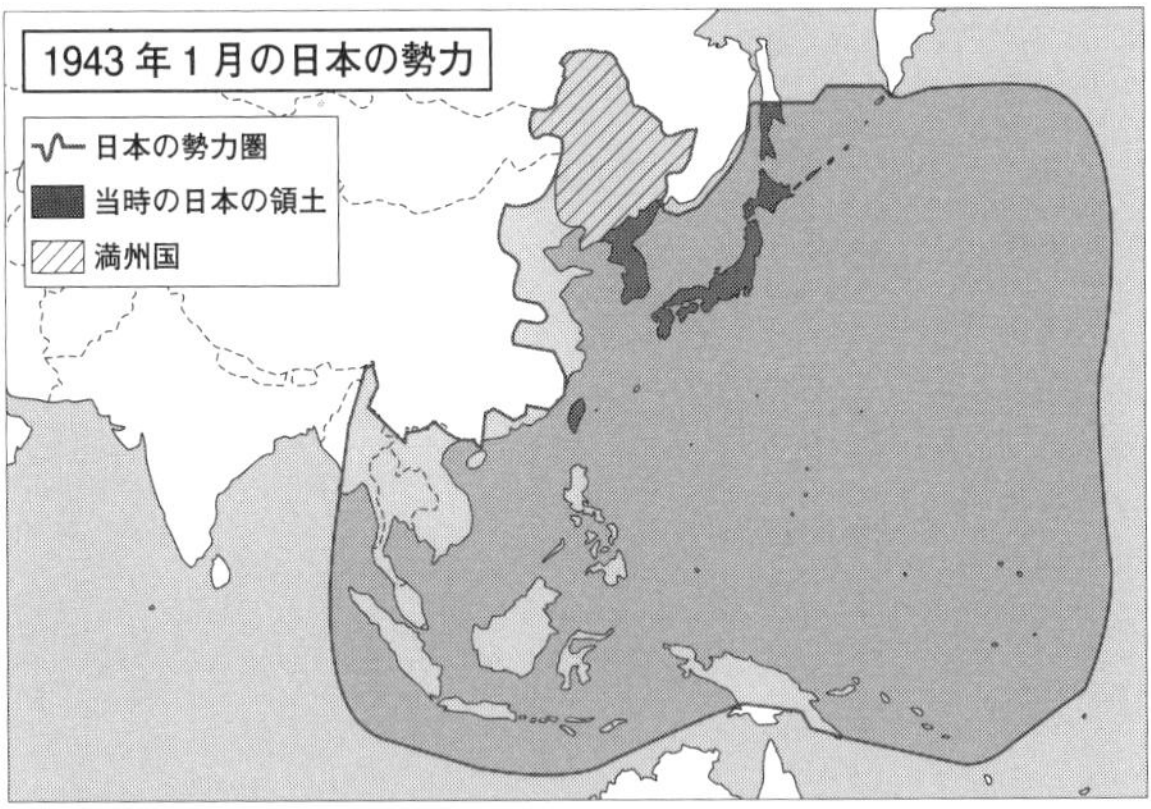

太平洋戦争緒戦、破竹の勢いで勝利を重ねた日本は広大な勢力圏を築き上げた。

この計画は、開戦半年の間にほぼ達成されている。

また、海軍はこれとは別に「イギリスの東洋艦隊の撃滅、アメリカのハワイ主力艦隊の減殺、西太平洋の制海、制空権の確保」という目標を立てていた。

これも、開戦直後にほぼ達成している。しかもイギリスの東洋艦隊を壊滅させたこと※は、目標以上の戦果であり、点数としては100点以上だともいえる。

しかし日本軍にとって落ち度だったのは、それ以降のことをほとんど考えていなかったことである。

「英米をアジア太平洋地域から駆逐して覇権を握る」

そこまでの目標は達成したのだが、それ以降どうするかということは、ほとんど具体的に考えられていなかった。

※イギリスの東洋艦隊を壊滅
詳しくは本書191ページ参照。

ここが日露戦争と大きく違うところだった。

日露戦争では、有利に戦いをすすめたところで、第三国に依頼して調停を結ぶ、という明確な「落としどころ」があった。しかも調停してくれる〝第三国〟には、はじめからアメリカ※をあてにしており、開戦当初からその努力を重ねていた。

しかし、太平洋戦争では「落としどころ」を考えていなかったのだ。

戦争において、もっとも重要なものは「落としどころ」だといえる。

「落としどころ」がなければ、相手の首都を陥落させるまで、泥沼の戦いをしなければならない。それだけの国力があるならばいいが、日本にはそこまでの力はなかった。

だから太平洋戦争において、日本は「落としどころ」を明確に設定し、すべてをそれに向けて必ず実行しなければならなかったのである。

太平洋戦争というのは、「最終クリア条件が設定されていないゲーム」だったのである。せっかく最初のステージはうまくクリアしていたのに、いつまでたってもゲームが終わらないので、体力が尽きてしまったのである。

※アメリカの仲介
日露戦争では、戦時中から金子堅太郎らが渡米。調停に向けた交渉などを行なっていた。ちなみに金子堅太郎と仲介を引き受けたアメリカのセオドア・ルーズベルト大統領はハーバード大学の同窓生。ルーズベルトは日露の調停を実現した功績から、ノーベル平和賞を受賞している。

ルーズベルト大統領

2

情報戦に敗れた大日本帝国

【大日本帝国のアキレス腱は〝諜報〟だった】

●「情報戦」に疎かった日本

大日本帝国が、第二次大戦で敗れたのには、もちろん様々な要因がある。一言で、「これが原因だ」と片づけられるものではない。が、あえて何がもっとも大きかったか、ということを追究した場合、「情報戦での敗北」が挙げられると考える。

大日本帝国は、軍事、産業、教育などについては、懸命に充実させる努力をし、短期間で欧米に負けず劣らぬような状態まで持っていった。

しかし、「情報戦」という点にはぬかりがあった。

近代の外交において、情報戦というのは非常に大きなウェートを占めている。だが、日本は情報戦についてあまり重視しておらず、欧米と比較すれば非常に未熟だった※。日本は、欧米の文化を採り入れるなど、そういった情報収集は非常に熱心だったが、各国の動向や思惑を探る「近代の情報戦」においてはまったく未整備だったのである。

※欧米と比較すれば非常に未熟
第二次世界大戦当時、諜報の分野でとくに優れていたのはアメリカ、イギリス、ソ連だったとされている。いずれも日本が戦争した国だった。

情報戦というのは極端にいえば「騙し合い」である。

いかに自分の本音を見せずに、相手の腹を探りあて、自分に都合のいい状況をつくりだすか、ということである。日本はこの「騙し合い」に慣れておらず、特に第二次大戦直前では、欧米に関する情報を誤認しっぱなしだった。

たとえば日本が、第二次大戦に引きずり込まれるきっかけとなったものに、日独防共協定※がある。

昭和11（1936）年に、日本はナチス・ドイツと防共協定を結んだ。これは英米から非常に警戒され、彼らとの間に大きな溝をつくってしまった。この日独防共協定というのは、共産主義を防ぐ協定という意味である。日本はドイツと組んでソ連を牽制するつもりでこの防共協定を結んだのだ。

しかし、ナチス・ドイツはこの防共協定を結んでわずか2年後に、ソ連との間で不可侵条約を結んだ。

これでは日独防共協定は、ソ連の牽制にはならない。日本は単に英米に嫌われただけで終わってしまったのだ。ナチス・ドイツとしては欧州で孤立していたので、なんとかアジアの強国である日本と手を結びたい、そのための方便として「防共」という名目を使っただけだったのである。

英米との間に溝をつくってしまった日本は、ドイツ、イタリア、ソ連の四ヵ国での同盟を画策する。ドイツとソ連は手を組んだのだから、日本もその両国と手を組み、これにイタリアも

※日独防共協定
共産主義勢力の台頭を防ぐという建前で、昭和11年に大日本帝国とナチス・ドイツの間で結ばれた協定。この協定では併せて、「締約国の一方がソ連と戦争になった場合は、ソ連を援助しないこと」「双方の合意なく、本協定に反する一切の政治的条約をソ連と結ばないこと」などが取り決められたが、ドイツはあっさりと破ってしまった。

加えれば一大勢力ができる。この四ヵ国が組めば、英米仏に対抗できる、と踏んだのである。
そのための前段階として、昭和15（1940）年に※日独伊の軍事同盟を結んだ。
日独伊で軍事同盟を結べば、英米との対立はもはや決定的となり、日本は国際的にかなり不利な立場に追い込まれる。しかし、日本はソ連も参加してくれると信じて、この暴挙に踏み切ったのだ。そして翌昭和16（1941）年の3月には、日ソ中立条約を結んだ。

日独伊三国軍事同盟の交渉のため、ヒトラーと会談する松岡外相

しかし、ドイツとソ連はそのころ関係が完全に破綻していた。日ソ中立条約締結のわずか3ヶ月後に、ナチス・ドイツは不可侵条約を破って、ソ連領内に侵攻したのだ。

つまり、日本はドイツやソ連に関する情報をまったく見誤っていたのである。

さらに、もっと致命的な情報ミスがある。

日本が太平洋戦争の開戦に踏み切ったのは、「イギリスがもうすぐ降伏する」と考えていたからである。ナチス・ドイツは開戦以来、破竹の勢いでヨーロッパを占領していたので、イギリスの降伏も時間の問題と考えたのだ。それを当て込んで、英米に戦争を仕掛け

※日独伊三国同盟
国際的に孤立していた日本、ドイツ、イタリアの三国が昭和15（1940）年に結んだ軍事同盟。日本はドイツ、イタリアの欧州における指導者的地位を、ドイツ、イタリアは日本の大東亜における指導的地位を認めつつ、軍事的に協力することなどが定められた。後に、ハンガリーやルーマニア、ブルガリア、デンマークといった国々も加わっている。

ようと考えたわけである。

※大本営政府連絡会議は、開戦直前の昭和16（1941）年11月15日に、「対米英蘭戦争終末促進に関する腹案」を定めたが、それは次のようなものだった。

一、速に極東に於ける米英蘭の根拠を覆滅して自存自衛を確立すると共に、更に積極的措置により蔣政権の屈服を促進し、独伊と提携して先づ英の屈服を図り、米の継戦意志を喪失せしむるに勉む。

二、極力戦争対手の拡大を防止し第三国の利導に勉む。

これを見ればわかるように、太平洋戦争はまずはイギリスを屈服させるというのが、前提としてあったのである。それを「可能だ」と判断したからこそ、開戦に踏み切ったのだ。

しかし、太平洋戦争開戦の時点のヨーロッパ戦線では、イギリスの早期降伏は不可能になっていた。ドイツ軍はイギリスでの制空権をかけた戦い「※バトル・オブ・ブリテン」に事実上、敗れ、もはやイギリスへの上陸は断念していた。そしてソ連との戦闘もこう着状態に陥るなど、ドイツの開戦当初の勢いは衰えかけていたのである。

つまり、日本は第二次大戦の趨勢をも見誤って、太平洋戦争を開始してしまったのだ。

●そもそも日露戦争時から惨敗していた日本の情報部

※大本営政府連絡会議　政府と大本営の意思疎通を図るために昭和12（1937）年につくられた機関。

※バトル・オブ・ブリテン　ドイツ軍がイギリスでの制空権を確保するためにイギリスに攻め込み、イギリスがこれを迎撃した戦い。昭和15（1940）年の7月から10月にかけて、イギリス上空、ドーバー海峡等で行われた。当初は、ドイツ軍が優勢だったが、イギリス軍はレーダーなどを駆使して反撃。ドイツ軍の被害が多くなり、この戦いから撤退し、事実上、イギリス上陸を断念した。

日本の情報戦の弱さは、実は太平洋戦争時に始まったものではない。

日本が勝利を収めたはずの日露戦争でも、実は情報戦では大敗している。戦争終結のために行われた講和会議※の情報がロシアに筒抜けだったのだ。

日露戦争の戦後処理を定めたポーツマス講和会議

日本政府は、講和会議の内容を同盟国のイギリスと電信で打ち合わせていた。日本が望む最小限から最大限の条件をイギリスに伝えていたのだ。

当時、日本がイギリスに送る電信というのは、長崎以遠は、デンマーク系の大北電信会社という電信会社に託送されていた。前述したように、この大北電信会社の大株主は、ロシア皇帝だった。しかも大北電信会社はロシアから陸線を借りるなど、密接な関係にあったのだ。

そのためロシア側は大北電信会社から、日本がイギリスに打った電信をすべて入手し、日本の腹積もりを全部事前に知っていた※。国内の電信設備は自力で敷設し情報インフラを他国に握られるのを防いだ明治日本だが、国際通信にまでは考えが及ばなかったのだ。そこまでの情報戦を想定していなかったのである。

講和会議というのは、戦争終結の条件を決めるもの

※講和会議
ポーツマス講和会議のこと。明治38（1905）年9月、アメリカのルーズベルト大統領の仲介で行われた、日本とロシアの講和会議。アメリカの都市ポーツマスで開かれたので、ポーツマス会議と呼ばれている。

※日本の腹積もりを全部事前に知っていた
畑山清行『秘録・陸軍中野学校』（番町書房）より。

であり、戦争の中でもっとも大事なものだともいえる。戦争で負けても、講和会議で盛り返せば、戦争での損害を最小限に食い止めることができる。

その大事な大事な講和会議での腹積もりが、相手に全部知られていたのだから、どうしようもないミスである。試験の前に答案を配ってしまうようなものである。

日露戦争では日本軍は大健闘し、ロシアを敗勢に追い込んでいた。しかし、この講和ではロシア側は、決裂してもいいというような雰囲気で一歩も引かずに押し通した。そのため、日本は賠償金をとれないなど、譲歩に次ぐ譲歩をせざるを得なかった。※

「ポーツマス会議では日本は国力を使い果たしていたが、ロシアはまだ国力に余裕があったので、ロシアは強気な態度に出た」

というように言われるが、実はそうではなかったのだ。

ロシア側は、日本の意向は全部知っていたので、日本が準備していた譲歩ギリギリまで押しまくったのである。

「戦争には強いが、情報戦には弱い」

という日本の欠陥は、すでにこの当時から見られたのである。

※日本は賠償金をとれなかったことに、国民は激怒した。日本国内では、ポーツマス条約の内容が国民に知れ渡ると、怒った国民が街に繰り出し日比谷公園での暴動事件などに発展した。

3 外交能力の欠如が敗戦を招いた

【日米開戦を食い止める力が政府首脳になかった】

●そもそもアメリカと戦争したのが間違い

情報戦に弱いということは、そのまま外交能力の欠如にもつながる。

外交というのは、情報戦の一形態ともいえるからだ。

そもそも太平洋戦争で負けたのは、勝てるはずのない相手と戦ってしまったからである。アメリカという敵が強すぎたということである。

それにしても、なぜ日本はアメリカと戦う羽目になったのか？

実は、日本とアメリカというのは、かなり長い間、戦争が起こりやすい関係にあった。太平洋戦争直前のゴタゴタが、戦争に結び付いたわけではなく、それまでに長い過程があるのだ。

日米の対立のはじまりは日露戦争直後（1905年ごろ）にさかのぼる。

日露戦争で日本は勝利し、東アジアでの覇権を手にした。

一方、そのころアメリカは太平洋からアジアに触手をのばそうとしていた。当時は、戦争によって覇権を争う帝国主義の時代である。両者が、太平洋地域でいずれ激突するのは、自明の理でもあった。

実際に日本もそのことを重々承知していた。

明治40（1907）年、日本は日露戦争後の「帝国国防方針」を制定したが、この「帝国国防方針」には明らかにアメリカが仮想敵国として念頭に置かれていた。そして海軍では、※アメリカの艦船保有の7割を維持することが目標とされていたのである。

日本側だけではなく、アメリカ側もまた日本を仮想敵国とみなし、「オレンジ計画」と称された対日軍備計画を練り始めていた。アメリカは日露戦争までに戦艦25隻を建造し、すでにイギリスに次いで世界第2位の海軍国になっていたが、明治40（1907）年以降も、毎年ほぼ戦艦2隻相当の建艦を行った。またアメリカは、明治40（1907）年末から明治42（1909）年にかけて、※戦艦16隻による世界一周航行を行っている。

これは、アメリカの海軍力を世界に誇示するデモンストレーションであり、特に日露戦争に勝利した日本に対する牽制の意味があったとされている。日露戦争当時の日本の連合艦隊の戦艦は6隻だったので、戦艦16隻ということはその約3倍の大艦隊である。これで世界一周するなどということは、あまりに露骨な「砲艦外交」だが、当時としては自国の国際的立場を有利にするための常套手段でもあった。

またアメリカは、日本に対抗するために中国（清）への接近も試みていた。当時の中国の首相格だった袁世凱に、米中同盟を働きかけ、中国の艦隊建設の支援も行おうとしていた。しか

※アメリカの艦船保有の7割を維持することが目標
いわゆる「八八艦隊」計画がそれである。日露戦争の海軍の計画では、戦艦6、装甲巡洋艦6という六六艦隊だったが、日露戦争後には、それを拡充して八八艦隊となったのである。日本は日露の大戦争に勝利した直後なのに、さらに艦隊を拡張しなければならなかったのだ。当時の列強の覇権争いというものが、いかに激しかったかということである。

※戦艦16隻による世界一周航行
これは「グレート・ホワイト・フリート」といわれるもので、アメリカの海軍力

しこの計画は清の崩壊によって流れた。

このように、東アジア、太平洋の情勢は、日露戦争直後から「日米対立」に傾いていたのである。日本とアメリカは「このままいけばいつかは戦わなければならなくなる」という関係がずっと続いていたのだ。この流れを食い止めるのは、よほどの外交力が必要だった。

しかし、残念ながらそれは昭和日本の首脳部にはなかったのだ。

ミッドウェー海戦。急降下爆撃を受け、炎上する重巡洋艦三隈

●太平洋戦争は昭和19年1月まで勝っていた

「アメリカを敵に回してしまったこと」だけではなく、太平洋戦争が始まってからも、外交能力の欠如は、日本の命運に大きな影響を及ぼした。

太平洋戦争は、開戦半年後のミッドウェー海戦で劣勢に回ったと言われるが、それは事実ではない。確かに昭和17（1942）年5月、ミッドウェー沖で起こった空母同士の海戦で日本は主力空母4隻を失うなど、大きなダメージを受けた。

しかし、この海戦で負けたからといって、日本軍はすぐに追い込まれたわけではなかった。


を世界に誇示するとともに、海軍予算獲得という目的もあったとされている。艦船の塗装が白で統一されていたことから、この呼び名がついた。

グレート・ホワイト・フリート

戦争の勝ち負けというのは、「どちらが支配地域を増やしたか？」ということである。

この概念から言うならば、日本は昭和19年の7月まで勝っていたのである。

太平洋戦争で日本が支配地域を本格的に奪われたのは、昭和18（1943）年2月に陥落したガダルカナル島である。しかし、このガダルカナル島は日本が開戦以降に増やした地域でのことである。開戦前に持っていた領土を奪われたわけではないのだ。

日本が開戦前から保有していた領土を奪われたのは、さらにその後の昭和19（1944）年1月のクェゼリン島※の陥落が初めてなのである。

それまでは、日本は英米の領土を「奪っていた側」であり、奪われたものはなかったのだ。

つまり、厳密な意味で日本が敗勢に回ったのは、昭和19（1944）年1月以降のことである。開戦後2年以上にも渡って、日本軍は戦争に〝勝っていた〟のだ。

連合艦隊長官の山本五十六は、開戦前、近衛文麿に「1、2年は暴れてみせます」と言った。開戦から半年後にミッドウェー海戦で敗れているので、山本五十六の言ったことは嘘だった、と言われることもある。しかし、日本軍は確かに「1、2年」は暴れているのである。

国力に差がある日本としては、この2年の間になんとしても講和をしなければならなかった。もし外交の適切な働きがあれば、勝つとまではいかずとも、引き分け程度には持ち込めていたはずなのだ。

日本は軍事力で負けたのではなく、外交力で負けたといえるのだ。

※クェゼリン島
マーシャル諸島内にある島。マーシャル諸島は、第一次大戦までドイツが領有していたが、第一次大戦で日本が占領し、その後、国際連盟から委任統治をしていた。昭和19（1944）年1月30日にアメリカが侵攻し、1週間で陥落した。

4

【責任の所在が明らかでないという歪な権力構造】

大日本帝国憲法が国の迷走を招いた

●〝大日本帝国憲法〟に内在していた爆弾

「太平洋戦争の敗戦」を語るとき、どうしてもはずせないのが、「憲法」の問題である。

昭和初期、内閣や議会、軍部などが対立し、日本の政治は迷走した。政府は、一貫した政策を遂行できないようになり、それが外交のちぐはぐさを招き、国際的に孤立することになった。

これは、憲法の欠陥が露呈したという面が大きい。

よく「大日本帝国は、天皇を中心とした独裁的な政治を行った」というようなことが言われるが、これはまったく誤解である。大日本帝国というのは、実は、独裁とはまったく逆の政治システムを持っていた。

大日本帝国は、主権は天皇にあるとされていたが、天皇は実際には政治を行わず、関係諸機関が行うことになっていた。そのため、内閣や議会、枢密院※、軍部などに権力が分散され、誰が本当の政治責任者なのか、わからない状態になっていた。

※枢密院（すうみついん）
天皇の最高諮問機関。詳しくは231ページの図表を参照。

なぜ大日本帝国憲法には、このような欠陥があったのか？　その原因は大日本帝国憲法の誕生までさかのぼる。

明治22（1889）年、明治政府は大日本帝国憲法を発布し、翌年から施行された。これにより、日本はアジアで初めて近代的な憲法をもつ国となった。※

大日本帝国憲法というと、天皇が絶対の存在であることを規定され、国民の権利は厳しく制限された、というような、戦前の日本の〝悪〟を象徴するような捉え方をさせることが多い。

しかし、大日本帝国憲法というのは、実はそれほど大げさな意図を持って作られたものではない。そもそも明治憲法は、国家の体裁を整えるために大急ぎで作られたものだったのだ。

当時の日本は欧米列強との間で、不平等条約を結ばされていた。

欧米列強から言わせれば、「近代的な法整備が整っていない国で、自国民を裁判させることはできない」ということである。

明治政府にとって、不平等条約の改正というのは、国家的な懸案事項だったので、それを実現するためには、〝憲法〟の作成は不可欠だったのである。

また明治政府には、もう一つ憲法作成を急がなければならない理由があった。それは、自由民権運動の過熱である。

明治維新後の日本は自由民権運動が活発化し、それはしばしば騒乱に発展していた。

政府は国民の不満を抑えるために、明治14（1881）年に「明治23年までに帝国議会を開設する」と発表した。ということは、それまでに帝国議会の根拠となる国の根幹法律、つまり

※アジアで初めて近代的な憲法をもつ国
1876年にオスマン・トルコ帝国で、立憲政治を目指して憲法が発布されたが、皇帝のアブデュルハミト2世の反対によってわずか1年足らずで停止された。そのため近代的な憲法を、アジアで実質的に保持した国は、日本が最初なのである。

■ **大日本帝国の帝国議会における権力分散構造**

衆議院	国民から選出される民選議院。任期は4年、予算の先議権があった。
貴族院	帝国議会の一院。衆議院と同格。皇族や華族、有識者、多額納税者などで構成。国民の選挙を経ずに選ばれた。1947年に廃止。
枢密院	天皇の最高諮問機関。憲法の番人と呼ばれるなど、国政に強い発言権があった。1947年に廃止。
元　老	政府の最高首脳。伊藤博文、山県有朋など明治の元勲が就いた。憲法に規定されない機関で、国の意思決定を左右するほどの権限があった。1940年、最後の元老、西園寺公望の死去にともない廃止。
陸海軍	陸軍は陸軍省の長である陸軍大臣を、海軍は海軍省の長である海軍大臣をそれぞれ選出。そのため、内閣に対して強い発言権があった。

は憲法を作らねばならなかったのだ。

明治15（1882）年、政府は伊藤博文を憲法の調査のためにヨーロッパに派遣した。伊藤博文は、日本と同じように皇帝がいて緩やかな立憲政治を行っているドイツの憲法を主な手本とし、それに欧米各国の憲法を要素や、日本の国情を加味して原案を作った。※

その結果、大日本帝国憲法では、議会の力が比較的弱く、また軍は天皇が直接統帥するものとされ、議会や政府から切り離されることになった。

なぜ軍が、議会から切り離されたのかというと、これも当時の社会情勢が反映している。

前述したように、当時は自由民権運動が燃え上がっていた時期だが、伊藤博文など当時の政権側の人間は、自由民権運動などまったく信用していなかった。国会を開設して、彼らが議員となり政治に口出しをするようになった場合、国の統制が効かなくなるのではないかという懸念を抱いていたのだ。

そして、もし自由民権運動側の人間が政権をとっ

※大日本帝国憲法を巡る政府内の争い
大隈重信らが主張したように、当初はイギリスを手本にしようという案もあった。しかし「イギリスの憲法は、議会の権利が強すぎる」などとして他の政府員が反対。首相だった大隈重信は明治14（1881）年に政変に巻き込まれて、失脚することになった。

て、彼らが軍を動かすようになれば、とんでもないことが起きるのではないか、と心配した。実際、当時は近衛部隊が叛乱を起こす事件も起きており[※]、そういう懸念はあった。そこで伊藤博文らは、軍を政治から切り離し、天皇の直属とすることで、容易に軍が叛乱したりできないようにしようと考えたのだ。

ただし、大日本帝国憲法はあくまで未成熟な当時の日本の情勢を反映して作られたものだったので、「国が成熟すれば、憲法も改定し、おいおい議会の力を強めていけばいい」という含みもあったとされる[※]。

しかし、大日本帝国憲法は、その後、改定されることなかった。そのため、政治権力が分散しているという弊害は、昭和になって如実に表れることになったのだ。

明治の元勲が生きている間は、それでもなんとか政治は回っていた。関係諸機関が対立した場合は、明治の元勲が調整役になっていたからだ。しかし、明治の元勲がほとんどいなくなった昭和初期になると、誰も調整役がいなくなり、内閣、議会、軍部など各々が勝手に自分たちの主張ばかりをするようになり、大日本帝国は迷走を重ねていった。

それが、昭和の政治が不安定化した最大の要因だと言えるのだ。

※近衛部隊が叛乱を起こす事件
明治11年に起きた竹橋事件のこと。西南戦争の論功行賞などに不満を抱いた近衛部隊の兵卒たちが叛乱し、士官を殺害し、大隈重信の公邸を襲撃、赤坂の仮皇居に進軍した。この反乱自体はすぐに鎮圧されたが、天皇直属の舞台である近衛部隊による叛乱だったので、政権にとっては大きな衝撃だった。またこの事件は戦前は極秘扱いとされ、事件の詳細は戦後明らかにされた。

※憲法改定の含み
岩倉公旧蹟保存会編『岩倉公実記』（原書房）など。

5

日本軍は総力戦の意味を知らなかった

【電撃戦だけでは通用しなかった太平洋戦争】

●“総力戦”を知らなかった日本

これまでは諜報や外交、国の制度といった面から太平洋戦争の敗因を検証してきた。しかし、戦争の敗因には軍事的な問題もあった。

日本軍にとって大きかったのは、第一時世界大戦に参加していなかった、ということである。第二次世界大戦での主要参加国の中で、第一次大戦の経験がほとんどないのは日本だけだった。いや、日本も一応、第一次大戦に参戦してはいた。しかし、アジアや太平洋地域での小規模な戦闘にとどまり、欧州での国をかけての総力戦を経験することはなかった。※

第一次大戦というのは、戦争のあり方を大きく変えたものである。

日本のこれまでの戦争は「短期決戦」だった。緒戦で電撃的に相手を叩き、勢いで戦果を拡大する。そして、ある程度、戦果を得たところで調停に持ち込むというパターンである。

しかし、欧米で行われた第一次大戦はそうではなかった。

※第一次世界大戦と日本
第一次世界大戦では、日本は同盟国イギリスの要請を受け、青島と膠州湾（こうしゅうわん）のドイツの拠点を攻略。また、ドイツの植民地だった南洋諸島のうち、赤道以北の島々を占領した。その後、連合国側の要請を受け、インド洋や地中海に艦隊を派遣し、輸送部隊の護衛を引き受けるなどしたが、再三あった陸軍の欧州への派遣要請を断るなど、きわめて限定的な参戦にとどまった。

1942年に実戦投入され、ゼロ戦を苦しめた米軍のF6Fヘルキャット

第一次大戦は国と国とがお互い消滅するまで死力を尽くして戦い合う、という壮絶な戦争である。いわゆる〝総力戦〟ということである。

その総力戦に対して、日本もある程度は研究をしていた。

第一次大戦後、陸軍、海軍ともに、「総力戦」に関して様々な議論が戦わされた。「国家総動員法」※も総力戦を戦い抜くために、国力のすべてを戦争に注げるようにと作られた法律である。

しかし、やはり実際に総力戦を経験してないというハンディは大きかった。

経験の相違は、兵器の運用に顕著に表れた。

英米ソ独などの第一次大戦を経験した欧米諸国は、戦争中に兵器のグレードアップをしていく。戦闘で得られたデータを元に、兵器を改良したり、新兵器を開発したりするのである。だから、英米ソ独では、兵器の性能は戦争中に上がっているのだ。

しかし、日本の場合は、開戦時には性能のいい兵器を準備していても、いざ戦争が始まってからは損害の補充で精いっぱいであり、兵器の改良や新兵器の開発にはそれほど力を割けな

※国家総動員法
昭和13（1943）年に制定された「戦争の際には、すべての物資、人的資源を国家が統制できること」と定めた法律。第一次大戦での欧州諸国の総力戦を参考に制定された。

かった。いや、それなりに割いてはいたが、欧米に比べると段違いにその割合は少なかった。

たとえば、戦闘機の場合である。日本は前述したように、太平洋戦争開戦時には、ゼロ戦という世界的にみても最高レベルの戦闘機を持っていた。

しかし各国がモデルチェンジをしていくうちに、性能は追い越され、戦争中盤には、ゼロ戦は〝型落ち〟となっており、英米の最新鋭機には太刀打ちができなくなっていた。日本もモデルチェンジをしようとしたが、ゼロ戦に続く新型戦闘機※を戦力として投入することはできなかった。

戦闘機に限らず、戦車、潜水艦、空母などにおいても、日本の場合は、開戦時がマックスであり、開戦後の性能アップは小さかった。総力戦において、兵器のモデルチェンジがいかに大事かということを日本は知らなかったのである。

●なぜ日本は空軍を作れなかったのか？

日本軍の欠点のひとつに空軍がなかったことが挙げられる。

大日本帝国の陸軍と海軍は、それぞれ航空部隊を持っており、各々が航空機を開発したり、パイロットを養成したりしていたために、非常に多くの無駄が生じていた。

たとえば、海軍の代表的な戦闘機「零式艦上戦闘機（ゼロ戦）」と、陸軍の代表的な戦闘機「一式戦闘機」は、形状、性能が似ている。もし両機をひとつの機種に統一していれば、予算も集中できたので、より性能を上げられた可能性がある。機種が少なければ大量生産もしやすいし、

※新型戦闘機を戦力として投入することはできなかった
新型戦闘機は開発されていたが、製造数量としてはまったく不足で、ゼロ戦に代わる存在にはなりえなかった。

昭和16（1941）年より運用された陸軍の主力戦闘機「一式戦闘機（隼）」。中島飛行機製。終戦までに約5800機が作られた。

グレードアップする場合も、より的確によりスムーズにできたはずである。

しかし、当時の海軍と陸軍は、それぞれがほとんど連携することなく、独自に航空機の仕様を決め、メーカーに発注していた。もともと資源が少ない国なのに、その上、さらに多くの無駄が生じたというわけである。この無駄は、日本軍にとってかなり大きな痛手だったはずだ。

実は、日本でも空軍をつくろうという動きはあった。

山本五十六の腹心だった※大西瀧次郎は早くから空軍の必要性を唱えており、昭和11（1936）年には陸軍から「空軍創設論」が出たこともあった。

しかし、このときには、陸軍に主導権を握られることを危惧した海軍が足を引っ張り実現できなかった。当時はすでに陸軍も海軍も多くの航空機を有していた。そのため、陸軍と海軍で調整がつかず、結局、空軍はつくられなかったのだ。

●軍の発展を妨げた陸軍と海軍の対立

※大西瀧次郎（1891〜1945）日本海軍将校。海軍航空隊の草創に深く関わり、太平洋戦争末期には神風特攻隊の創設に大きく関与している。終戦直後に自決した。

陸軍と海軍の対立は、日本軍の戦力を大きく損なってきた。陸軍と海軍は、どこの国でもある程度の対抗意識はあるものだが、日本ほど顕著なケース※は少ない。

本来、軍というのは、陸軍が中心であり、海軍は陸軍を援護するためにあるものである。敵国の領土を占領できるのは陸軍であり、戦争の決着も陸軍がつけるものだ。そのため、欧米ではほとんどの国の軍隊が陸軍優位となっている。陸軍が全軍の指揮を執り、海軍は陸軍に従うという形になっているのだ。

建軍された頃の日本軍も、当初は陸軍優位ということになっていた。「戦時大本営条例」では、陸軍参謀総長が天皇に対して全責任を負って戦争を指揮することになっていたのである。

しかし、日露戦争直前の明治36（1903）年12月、戦時大本営条例が改正され、陸軍参謀総長と海軍軍令部長が対等の立場で作戦を指揮するということになった。

これは、ロシアとの大戦争を前にして、陸軍と海軍は一致協力すべきとして、陸軍が折れ、海軍の主張が認められた形になったものだ。その日露戦争で、海軍は「日本海海戦」の戦史に残る劇的な勝利を収めた。それ以来、海軍の発言力は非常に大きくなってしまった。

このことが、太平洋終戦まで陸軍と海軍の無駄な争いを生じることになった。

日本軍は、陸軍ばかりが悪者にされる傾向があるが、実は海軍の増長が軍を崩壊に導いた要因でもあるのだ。

※日本ほど顕著なケース
大日本帝国の国軍は、陸軍が旧長州藩、海軍が旧薩摩藩の軍をベースに作られた。これも対立の一因だったとする見方もある。

6

【潜水艦での戦艦攻撃に固執したのは失敗だった】

潜水艦の運用で後れをとった日本軍

●太平洋戦争の敗因は潜水艦

太平洋戦争を兵器の運用の面から見た場合、敗因として一番に浮かぶのが潜水艦である。「太平洋戦争は航空機の戦争だった」と言われるが、実は艦船の被害は航空機によるものよりも、潜水艦によるものの方が大きかった。

日本の軍艦や輸送船は、アメリカの潜水艦に大きな被害を被った。そのため、補給がままならなくなり、日本軍は各地で孤立し、連合国から各個撃破されていくことになったのだ。

実は、開戦当初の潜水艦の配備においては、日本とアメリカの間にそれほど大きな差はなかった。

太平洋戦争で使われた日本海軍の潜水艦は131隻であり、アメリカは250隻を保有していたが、そのうち太平洋戦争に投入できたのは190隻である。60隻近い差はあるものの、アメリカ側が圧倒的に優位に立っていた、というわけではなかった。

しかし、その戦果においては大きな差がある。

アメリカの潜水艦は、日本の戦艦1隻、空母6隻、巡洋艦等10隻、商船、輸送船約1000隻（500万トン）を葬っている。

日本軍が太平洋戦争に投入した「伊四〇〇型潜水艦」。潜水艦としては当時、世界最大規模であり、水上爆撃機を３機搭載していた。

それに対し、日本の潜水艦の戦果は、※空母2隻、巡洋艦等3隻、商船、輸送船約50隻（30万トン程度）である。その差は10倍以上であり、一目瞭然である。

また潜水艦自体の損失でも、日米では大きな差がある。日本は、131隻のうちそのほとんどの127隻を失っている。これに対し、アメリカ海軍は190隻のうち損失は約60隻である。

つまり日本の潜水艦は全滅に近い被害を受けたのに対し、アメリカの潜水艦は3割ちょっとしか損害を受けていないのである。

●潜水艦運用における日米の差

なぜ日米の間で戦果にこれほどまでに差がついてしまったのだろうか？

潜水艦というのは、第一次大戦で本格的に使用されはじめ

※空母2隻
日本軍の潜水艦が沈没させたのは、空母ヨークタウン（ミッドウェー海戦）、空母ワスプ（第二次ソロモン海戦）。その他、護衛空母のリスカム・ベイも沈没させている。

日本軍の伊四〇〇型潜水艦には、甲板後方に軽巡洋艦並みの主砲が備え付けられてあった。

た兵器である。

第一次大戦では、連合国側はドイツ軍の潜水艦「Uボート※」に散々苦しめられた。潜水艦の威力を嫌というほど知っていたのだ。

そのため、欧米諸国は自国の潜水艦をもっとも有効に使う方法、敵潜水艦を封じ込める方法を徹底的に研究開発していた。

日本軍も潜水艦の製造方法に関しては、欧米の技術を積極的に取り入れており、潜水艦の性能そのものは遜色のないものを製造していた。

しかし、潜水艦をいかに使えば効果的か、いかに使えば相手に最大の損害を与えられるか、といったことを熟知しておらず、その用法や防御法に関する研究も遅れていたのだ。

日本海軍は、潜水艦をあくまで艦隊戦力の一部として考えていた。基本的には戦艦、空母、巡洋艦、駆逐艦などと同様に、「軍艦同士の対決」として用いられたのだ。そのため艦隊の作戦の中で、補助的な役割として使用されることも多かった。

一方、アメリカ軍の場合は、潜水艦は、通常の艦隊とは切り離し、「潜水艦としての独自の役割」を与えられていた。隠密行動に徹し、遭遇する敵の艦船を手当たり次第に撃沈する。主

※Uボート
第一次世界大戦から第二次世界大戦にかけて使用されたドイツ軍の潜水艦の総称。おもに通商破壊を目的に運用され、2度の大戦で合わせて8000隻以上の商船を撃沈したとされる。

Uボート

目標は「軍艦」だけではなく、輸送船など敵艦船ならば何でもよかった。むしろ軍艦との無理な戦いは避け、より多くの艦船を沈めることが主目標とされたのだ。

そのことは、潜水艦の性能にもよく現れていた。

日本の潜水艦の潜航深度はおおむね80メートル程度だった。それに対して、アメリカの主力潜水艦である「ガトー級潜水艦」は、潜航深度が120メートルもあった。潜水艦はより深く潜航できる方が、敵に察知される危険性が低くなる。

またアメリカは、対潜水艦への攻撃も充実していた。

アメリカは駆逐艦を対潜水艦用に位置づけていた。駆逐艦は、艦体が小さいので水上艦同士の戦いには弱いが、動きが俊敏なので潜水艦狩りには打ってつけの艦船である。アメリカの潜水艦には、潜水艦の位置を探り当てる音波探信器※や、潜水艦攻撃の爆雷、対潜ロケット・ヘッジホッグなどを装備していた。これらの装備でアメリカの駆逐艦は、日本軍の潜水艦を〝駆逐〟していったのだ。

日本の駆逐艦は、艦隊決戦用として位置付けられていたため、水上艦同士の戦いには適していたが、対潜水艦としてはあまり役に立たなかった。

この「潜水艦戦」の違いが、太平洋戦争の結果に大きく表れたのだ。

※音波探信器
アメリカ、イギリスは第一大戦でのドイツ潜水艦での教訓から、この分野に非常に力を入れており、水中聴音器、磁気探知機などの開発もしていた。

7 優れたレーダー技術を生かせなかった

【自国で開発した技術を見逃していた日本軍】

●日本で開発されたレーダーが英米で実用化された

太平洋戦争で、重要な役割を果たした兵器のひとつにレーダーがある。

レーダーとは、電波によって敵艦船や航空機の位置をキャッチするというものだ。この新兵器は、第二次世界大戦で初めて本格的に活用されたものである。

日本は、このレーダーの実用化が遅れ、英米はこの新兵器をうまく活用した。その差は、太平洋戦争で大きく表れた。

たとえば、ミッドウェー海戦では、アメリカ軍はミッドウェー島にレーダーを設置していたため、いち早く日本軍の攻撃を察知することができた。

太平洋戦争中盤以降、日本海軍が次々と敗北を重ねたのも、このレーダーの役割が大きかった。日本も戦争後半にはレーダーを使用したが、その精度は低く、アメリカ軍が活用したほどの効力は見られなかった。

惜しむらくは、このレーダーの新技術に関して、日本人の研究者が画期的な発明をしていたにもかかわらず、その発明は日本では活用されず、英米に渡ってしまったということである。

欧米のレーダー技術のもとになったのは、いずれも日本人が開発、実用化に成功したものだった。ひとつは、大正14（1925）年に東北帝国大学の教授、八木秀次を中心とする研究グループが開発した「八木アンテナ」※。そして、もうひとつは東北帝大の研究者であった岡部金次郎が実用化した「マグネトロン」である。

「八木アンテナ」（写真左上）

マグネトロンとは、強力なマイクロ波を発生する真空管のことで、1916年にアメリカのGE社が開発して以来、実用化が急がれていた。

八木アンテナ、マグネトロンともに、日本国内よりも海外での評価が高かった。英米では、この技術を元にレーダーを開発したのである。

●八木アンテナを実用化できなかった日本軍

せっかく日本で発明された八木アンテナだったが、日本はそれを積極的に活用しようとはしなかった。特に軍では、レーダーという最新兵器の開発に躍起に

※八木アンテナ　超短波を受信するアンテナ。単純な構造ながら、きわめて高い感度（指向性）があった。現在では、共同開発者の宇田新太郎助手の功績を讃え、「八木・宇田アンテナ」と呼ばれることも多い。

なっていたのに、その画期的な発明に気付かなかった。

太平洋戦争緒戦、シンガポールを陥落させたとき、接収したイギリス艦隊に「ＹＡＧＩ・ＡＲＡＹ」という機器が積まれていた。日本軍にはこの「ＹＡＧＩ・ＡＲＡＹ」が何なのかどうしても理解できずに、英国側に聞いたところ、日本人の八木が発明した技術のことだとわかった、というほどだった。

八木アンテナもマグネトロンも、発明された当時、日本の学会からは無視されていた。当時の電気学会では、発電、送電、電動機など「電力」に関する技術がもてはやされ、電気通信の技術などは二の次、三の次と考えられていた。また、電気通信に関する知識を持っている専門家も非常に少なかったのだ。

そのため、東北帝大から矢継ぎ早に電気通信に関する論文が発表されると、学会は閉口し、東北帝大は論文提出をしばらく遠慮してくれといってくる始末だった※。

電気通信技術の草創期のことであり、その価値を理解できる者があまりいなかったということもあるだろうが、日本人がそれほど重要な発明をするはずがない、という思い込みもあったようだ。明治維新以来、日本人が科学技術にかけては西洋にかなわない、と思い込み続けてきたために、よもや日本人が西洋を凌駕する発明をしようなどとは思えなかったのだろう。

※東北帝大の業績
八木アンテナやマグネトロンなど、東北帝大でこの時期、世界的な発明が相次いだのは、斉藤善右衛門という地元の篤志家から潤沢な資金援助を得ていたからである。斉藤善右衛門は仙台の金融業者で、３００万円を寄付して「斉藤報恩会」という財団をつくり、主に東北帝大の研究費を援助した。当時の３００万円は、現在の貨幣価値にして２００億円以上になる。

8

【暴走する軍部を後押しする国民】
国民自身が戦争を欲していた

●軍部の暴走を後押しした世論

これまで、外交面、軍事面などから日本が太平洋戦争に敗北した要因を探ってきた。が、実は国内にもその要因はあった。いや、もしかしたら、本当はこの国内の要因がもっとも大きいものかもしれない。

当時の日本というのは、〝国民〟が安易に戦争を欲していた。それが日本を無茶な戦争に走らせた要因ともいるのだ。

歴史の教科書などでは、戦前の日本は、「軍部が暴走し国民はそれに巻き込まれた」というような記述がされ、国民は被害者だったかのように論じられるケースが多い。しかし、事実はそうではない。

軍部の暴走を国民は大歓迎していた。むしろ、軍部は国民の欲求をくみ取ったかたちで暴走したとさえいえるのだ。

たとえば、満州事変は、日本を国際的に孤立させる重大な出来事だったが、国民はこの満州事変を熱狂的に支持し、軍に対して慰問袋[※]や慰問金を送るなど、盛んに援助を行っている。

満州事変勃発から1か月後の昭和6年10月24日には、満州駐留兵士への慰問袋は7000個に達した。その1ヶ月後の11月25日には、満州駐留兵士への慰問金が10万円を突破している。当時の10万円というと、現在の価値に換算して数億円の規模になる。慰問袋や慰問金だけでなく、日本各地では鉄兜を献納する運動や、軍用機を献納する運動なども起こっていた。

満州事変は、国際的な非難を浴びたが、日本軍は頑として譲らなかった。それはこういう国民の支持を背景にしたことなのである。

なぜ国民が、戦争を欲していたのかというと、大まかに言ってふたつの要因が考えられる。

ひとつは、これまで日本は戦争をするたびに勝利し、多くのものを得てきたので、国民がすっかり「調子に乗ってしまった」のである。

日清戦争では莫大な賠償金を得て、ほとんど増税せずにロシアと戦う軍事力を準備できた。日露戦争では、南満州鉄道と朝鮮を得て、大陸に乗り出す足掛かりをつかみ、世界の一等国の仲間入りを果たした。第一次大戦では、史上空前の好景気と経済成長をもたらした。

これまでの日本は、戦争をすればいいことばかりが起こったのである。日露戦争では大きな犠牲も出したが、その犠牲が忘れ去られるほどに戦争のメリットは大きかった。

しかも、日本は戦争すれば必ず勝つ、という状況だった。

建国から半世紀ちょっとの国が、数々の戦争で負け知らずということになれば、国民が浮か

※慰問袋
戦地にいる兵士に向けて送った日用品入りの袋。ちり紙や手ぬぐい、石鹸といった日用品から書籍、食料品、お守り、衣類などが贈られた。

れない方がおかしいというものである。

昭和期の日本というのは、黒船に怯えていた頃の、状況把握力や注意力などはまったく失っていたといっていい。知識階級でも、日本の行く末に疑問を感じる人などはほとんどいなかった。夏目漱石はその作品「三四郎」の中で「日本は滅びる」※と予言しているが、これは例外中の例外なのである。

戦地の兵士に向けて、慰問袋を送る女性（『決定版　昭和史10』毎日新聞社）

●戦争依存体質になっていた日本経済

そして国民が戦争を欲していたもうひとつの理由は、農村の疲弊である。

昭和初期に起きた世界恐慌で、農村は大きな打撃を受けた。

昭和5年、当時の物価は20～30％下落した。この物価の下落の影響を最も強く受けたのは、農産物だった。米は半値以下、まゆは3分の1以下になったのだ。昭和7年当時、農家の一戸平均の借金は８４０円で、農家の平均年収７２３円を大きく上回るものだった。

そして昭和9年には東北地方が冷害で不作となり、

※夏目漱石の「日本は滅びる」という予言
夏目漱石はその作品「三四郎」の中では、主人公が列車の中で出会った男と会話するシーンがあり、その中で、主人公が「これからは日本もだんだん発展するでしょう」と話すと、相手の男は「滅びるね」と答える。この「三四郎」は、日露戦争終戦から3年後の明治41（１９０８）年に書かれたものである。

長引く戦争で物資が不足すると、日本各地では軍に金属を寄付しようとする金属献納運動が繰り広げられた。（『1億人の昭和史3』毎日新聞社）

農村はまた大きな打撃を受けた。農村では学校に弁当を持って行けない「欠食児童」や娘※の身売りが続出、一家心中も多発し、社会問題となった。

苦しい農村にとって、軍というのは頼みの綱のような存在だったのだ。農村の次男以下の男子にとって、軍は貴重な就職先だった。兵士の給料は決して高いものではなかったが、戦争になれば「戦地手当」が支給されるので、手取り額が大幅に増える。貧しい農村は、それをあてにしていたのである。

五・一五事件や二・二六事件も、実は農村の疲弊と深い関係にあった。

軍には、貧しい農家出身の兵卒がたくさん入ってくる。士官学校を出た若い将校たちが、最初に接するのは、そういう貧しい家庭の兵士たちである。感受性の強い若い士官たちは、当然のことながら、彼らに深く同情していた。

その一方で、昭和初期の日本は、財閥が隆盛を極めていた時期でもあった。

昭和2年度の長者番付では、1位から8位までを三菱、三井の一族で占めていた。岩崎久彌などは430万円もの年収があったのだ。大学出の初任給が50円前後、労働者の日給が1～2

※娘の身売り
昭和6年の山形県最上郡西小国村の調査では、村内の15歳から24歳までの未婚の女性の467名のうち、23%にあたる110人が家族によって身売りを強いられたという。警視庁の調べによると、昭和4年の一年間だけで東京に売られてきた少女は、6130人だった。

円のころなので、普通の人の1万倍近い収入を得ていたことになる。今の貨幣価値から言えば、300〜400億円くらいになるだろう。当時は、所得税は一律8％だったので、高額の収入はそのまま私財となって蓄積していく。そのため戦前の財閥は、雪だるま式に巨大化していったのである。

財閥は政党との結びつきも強めていった。立憲政友会には三井財閥が、立憲民政党には三菱がつき、資金の提供を行っていた。安田、古河、住友といった財閥もそれぞれ政党のスポンサーのような存在になっていた。

そういう状況の中では、若い将校たちが義憤にかられて行動を起こしたのが、五・一五事件であり、二・二六事件なのである。

当時の日本人にとって、戦争はそんな閉塞感に満ちた現状を打破する魔法の杖のようなものであった。

戦争に勝てば、再び日本は良くなっていく。国民はそう考え、戦争に希望を見出し、戦争を欲した。軍部はそうした国民の思いを汲み取り、中国で戦線を拡大し、その挙句に太平洋戦争へと足を踏み入れた。そして、日本は敗戦への道を突き進んでいくことになったのだ。

あとがき

「昔の日本はこんなに凄い国だった。だから、これからも日本は絶対に大丈夫」

筆者はそういう楽観的なナショナリズムを煽り立てるつもりは毛頭ない。

むしろ、今の日本は大丈夫か？　という疑問を投げかけたいがために、本書をしたためたという面もある。

19世紀末から20世紀初頭にかけてたしかに日本は素晴らしい成長を遂げた。おそらく他のアジア諸国よりも、数十年から100年近く前を進んでいただろう。

それは、当時の日本が、時代の趨勢をうまく見極め、対応できたからだといえる。

19世紀後半から20世紀初頭にかけての国際社会というのは、良くも悪くも「帝国主義」がスタンダードだった。大日本帝国は、この「帝国主義」というスタンダードを、素早く理解し、自分のものとした。

欧米の科学技術、文化などを巧みに取り入れ、国力を増強した。そして、粘り強い外交で自国の立場を有利に導き、国際的にも高い地位を手に入れた。

しかし、大日本帝国の「時代を読む力」は長くは続かなかった。

20世紀初頭、国際情勢の中で「帝国主義」はかげりを見せ始める。第一次大戦という地獄のような総力戦を経て、西欧諸国は往年のような力を失いつつあった。各地域の植民地では独立運動が芽生え始め、「強い国が弱い国を蹂躙し収奪する」ということに、欧米諸国自身からも疑問が出始めていた。

日本はそういう時代の流れをつくった張本人でもあった。国際社会に対して「人種差別撤廃」を提案したり、アジア各国の近代化や、独立運動などにも積極的に手を貸していた。辛亥革命を起こした孫文に、日本人が多大な支援をしていたことは、よく知られたことである。

しかし日本は帝国主義を打ち砕く先導者となりつつありながら、その一方では、大陸で獲得した利権は絶対に手放そうとはせず、むしろ拡大させようとした。

日本は、帝国主義の限界に気付きつつも、あくまで帝国主義を捨てきれずにいたのである。後世の目から俯瞰《ふかん》した場合、日本は国際情勢の潮流を読み違えた、といえる。

しかし、流れを読み違えたのは、日本だけではなく、当時の先進国のほとんどはそうだった。米英仏にしろ、世界各地で生じ始めた「民族自決運動」には、対応しきれなかった。

第二次大戦では、米英仏などの連合国が勝利したことになっているが、彼らは決して勝利者ではない。戦前に持っていた海外領土（植民地）の多くを戦後に相次いで手放すことになった。見方によっては、第二次大戦でもっとも多くの物を失ったのは、英米仏だったかもしれないのである。

日本の話に戻ろう。

「国際情勢を読み切れずに崩壊してしまった大日本帝国」をかえりみたとき、筆者にはどうしても現代の日本が重なって見える。

戦後の国際社会は、「帝国主義」が終わり、その代わりに「経済至上主義」が席巻した。日本はこの「経済至上主義」に見事に対応し、戦後の荒廃からあっという間に復興し、世界の経済大国に成りあがった。

が、現代、「リーマンショック」などに見られるように、「経済至上主義」にもかげりが見え始めている。深刻な環境問題、資源の枯渇問題なども生じ、「経済至上主義」ではやっていけないことが、国際的にも認知されはじめている。

しかし、今の日本は、戦後の高度成長のときの高揚感が忘れられないのか、いまだに「経済至上主義」を追い求め、「経済成長こそがすべて」というような国家戦略を持ち続けている。

このままいけば、かつて大日本帝国が〝帝国主義〟とともに崩壊していったように、日本国も〝経済至上主義〟とともに崩壊していくような気がしてならない。

最後に、編集だけではなく表紙のデザイン、装丁までこなしてくれた彩図社の権田氏をはじめ、本書の制作に尽力いただいた皆様にこの場を借りて御礼を申し上げたい。

「これからの世界はどうあるべきか」

「これからの日本はどうあるべきか」

賢明なる読者諸氏、特に若い人たちにしっかり考えて欲しい。それを祈念しつつ、脱稿とさせていただきたい。

２０１３年初夏　　著者

主要参考文献

末松謙澄『防長回天史』（柏書房）
アルフレッド・ルサン著、安藤徳器・大井征訳『英米仏蘭連合艦隊・幕末海戦記』（平凡社）
鵜飼政志『幕末維新期の外交と貿易』（校倉書房）／石井孝『明治維新と自由民権』（有隣堂）
保谷徹『幕末日本と対外戦争の危機』（吉川弘文館）／勝田政治『廃藩置県』（講談社選書メチエ）
松尾正人『廃藩置県』（中公新書）／杉山伸也『日本経済史　近世――現代』（岩波書店）
小風秀雄『帝国主義下の日本海運』（山川出版社）／田中彰『岩倉使節団の歴史的研究』（岩波書店）
佐藤秀夫『教育の文化史』（阿吽社）／石井寛治編『日本経済史』（東京大学出版会）
永原慶二『日本経済史』（岩波書店）／林田治男『日本の鉄道草創期』（ミネルヴァ書房）
沢和哉『日本の鉄道ことはじめ』（築地書館）／西川俊作『日本経済の200年』（日本評論社）
有沢広巳著監修『日本産業史』（日本経済新聞社）／藤井信幸『テレコムの経済史』（勁草書房）
『東アジア近現代通史　1～5』（岩波書店）／百瀬孝著、伊藤隆監修『事典昭和戦前期の日本』（吉川弘文館）
藤原彰『日本軍事史　上下』（日本評論社）／山田吉彦『日本の国境』（新潮新書）
木村汎『日露国境交渉史』（中公新書）／中川昌郎『中国と台湾』（中公新書）
田中宇『辺境』（宝島社）／鵜飼政志『幕末維新期の外交と貿易』（校倉書房）
石井寛治『日本経済史』（東京大学出版会）／柴田宵曲編『幕末の武家』（青蛙選書）
園田英弘『西洋化の構造』（思文閣出版）／落合弘樹『秩禄処分』（中公新書）
千田稔『維新政権の秩禄処分』（開明書院）／早乙女貢『奇兵隊の叛乱』（集英社文庫）
中原雅夫『奇兵隊始末記』（新人物往来社）／長島要一『明治の外国武器商人』（中公新書）

カッテンディーケ著『長崎海軍伝習所の日々』（東洋文庫）／森永卓郎監修『物価の文化史事典』（展望社）
山田千秋『日本軍制の起源とドイツ』（原書房）／高橋秀直『日清戦争への道』（東京創元社）
大江志乃夫『徴兵制』（岩波新書）／兵頭二十八『有坂銃』（四谷ラウンド）
ラッセル・スパー著・左近允尚敏訳『戦艦大和の運命』（新潮社）／児島襄『戦艦大和・上』（文藝春秋）
山田朗『軍備拡張の近代史』（吉川弘文館）／『近代日本戦争史　第1編　日清・日露戦争』（同台経済懇話会）
大江志乃夫『東アジア史としての日清戦争』（立風書房）／阿部三郎『わが帝国海軍の興亡』（光人社）
『日露大戦秘史・陸戦編』（朝日新聞社）／平間洋一編著『日露戦争を世界はどう報じたか』（芙蓉書房出版）
K・M・パニッカル著、左久梓訳『西洋の支配とアジア』（藤原書店）
歴史教育協議会編『日本の戦争ハンドブック』（青木書店）
関栄次『日英同盟』（学習研究社）／軍事史学会編『日露戦争』（錦正社）
読売新聞取材班『検証日露戦争』（中央公論新社）
アーネスト・ヴォルクマン著、茂木健訳、神浦元彰監修『戦争の科学』（主婦の友社）
佐山二郎『日露戦争の兵器』（光人社）／小池明『日本海海戦と三六式無線電信機』（歴史春秋社）
阿部三郎『わが帝国海軍の興亡』（光人社）／堀栄三『大本営参謀の情報戦記』（文春文庫）
加茂徳治『クァンガイ陸軍士官学校』（暁印書館）／斎藤充功『陸軍中野学校の真実』（角川文庫）
中野校友会編『陸軍中野学校』／畠山清行『秘録陸軍中野学校』（番町書房）
別宮暖朗『日露戦争陸戦の研究』（ちくま文庫）／近現代史編纂会『徹底図解!!　日露戦争兵器大事典』（洋泉社）
クリエイティブ・スイート編著『ゼロ戦の秘密』（PHP文庫）／碇義朗ほか『日本の軍事テクノロジー』（光人社）
佐藤和正『空母入門』（光人社NF文庫）／当摩節夫『富士重工業』（三樹書房）
前間孝則『富嶽〜米本土を爆撃せよ』（講談社文庫）
鈴木紀之「日本の兵食史」〈ストライク&タクティカルマガジン2010年1月別冊〉（カマド）

大場四千男『日本自動車産業史研究』（北樹出版）／『完本・太平洋戦争（一）～（三）』（文藝春秋）
大澤弘之監修『新版　日本ロケット物語』（誠文堂新光社）／三野正洋『日本軍兵器の比較研究』（光人社ＮＦ文庫）
渡辺賢二『陸軍登戸研究所と謀略戦』（吉川弘文館）／伴繁雄『陸軍登戸研究所の真実』（芙蓉書房出版）
上山昭博『発明立国ニッポンの肖像』（文春新書）／山本七平『一下級将校の見た帝国陸軍』（文春文庫）
瀬島龍三『幾山河』（産経新聞社）／山本七平『私の中の日本軍』（文藝春秋）
三根生久大『帝国陸軍の本質』（講談社）／別宮暖朗『帝国陸軍の栄光と転落』（文春新書）
武藤山治『軍人優遇論』（実業同志会調査部）／上山和雄編著『帝都と軍隊』（日本経済評論社）
岩倉公旧蹟保存会編『岩倉公実記』（原書房）／原田泰『世相でたどる日本経済』（日経ビジネス人文庫）
木村茂光編『日本農業史』（吉川弘文館）／石井寛治『日本の産業化と財閥』（岩波書店）
『1億人の昭和史3　太平洋戦争』（毎日新聞社）／『1億人の昭和史11　大正』（毎日新聞社）
『1億人の昭和史14　明治』（毎日新聞社）／『別冊1億人の昭和史　兵器大図鑑』（毎日新聞社）
『決定版　昭和史』（毎日新聞社）

著者略歴
武田知弘（たけだ・ともひろ）
1967年生まれ、福岡県出身。
西南学院大学経済学部中退。塾講師、出版社勤務などを経て、2000年からフリーライターとなる。裏ビジネス、歴史の秘密など、世の中の「裏」に関する著述活動を行っている。主な著書に『ナチスの発明』『戦前の日本』『ワケありな紛争』（以上彩図社）、『ビートルズのビジネス戦略』（祥伝社新書）、『織田信長のマネー革命』（ソフトバンク新書）がある。

大日本帝国の国家戦略

日本はなぜ短期間でアジア最強になったのか？

平成25年6月21日第1刷
平成27年4月27日第5刷

著　者　武田知弘

発行人　山田有司

発行所　株式会社　彩図社
東京都豊島区南大塚3-24-4
MTビル　〒170-0005
TEL：03-5985-8213　FAX：03-5985-8224

印刷所　新灯印刷株式会社

URL http://www.saiz.co.jp　携帯サイト http://saiz.co.jp/k →

© 2013.Tomohiro Takeda Printed in Japan.
ISBN978-4-88392-929-0 C0021

落丁・乱丁本は小社宛にお送りください。送料小社負担にて、お取り替えいたします。
定価はカバーに表示してあります。
本書の無断複写は著作権上での例外を除き、禁じられています。